计算机技术与人工智能应用

秦玉鑫　甘守飞　成　韫　著

哈尔滨出版社

HARBIN PUBLISHING HOUSE

图书在版编目（CIP）数据

计算机技术与人工智能应用 / 秦玉鑫，甘守飞，成
韫著．-- 哈尔滨：哈尔滨出版社，2024.1
ISBN 978-7-5484-7339-8

Ⅰ．①计… Ⅱ．①秦… ②甘… ③成… Ⅲ．①计算机
技术②人工智能－应用 Ⅳ．① TP3 ② TP18

中国国家版本馆 CIP 数据核字（2023）第 117606 号

书　　名：**计算机技术与人工智能应用**
JISUANJI JISHU YU RENGONG ZHINENG YINGYONG

作　　者：秦玉鑫　甘守飞　成　韫　著
责任编辑：韩伟锋
封面设计：张　华

出版发行：哈尔滨出版社（Harbin Publishing House）

社　　址：哈尔滨市香坊区泰山路 82-9 号　邮编：150090

经　　销：全国新华书店

印　　刷：廊坊市广阳区九洲印刷厂

网　　址：www.hrbcbs.com

E － mail：hrbcbs@yeah.net

编辑版权热线：（0451）87900271　87900272

开　　本：787mm×1092mm　1/16　印张：8.25　字数：180 千字

版　　次：2024 年 1 月第 1 版

印　　次：2024 年 1 月第 1 次印刷

书　　号：ISBN 978-7-5484-7339-8

定　　价：76.00 元

前　言

　　人工智能是计算机科学中涉及研究、设计和应用智能机器的一个分支，是一门研究机器智能的学科，作为一门前沿交叉学科，它的研究领域十分广泛。人工智能的远期目标是揭示人类智能的根本机理，用智能机器去模拟、延伸和扩展人类的智能。人工智能涉及脑科学、认知科学、计算机科学、系统科学、控制论等多种学科，并依赖于它们共同发展。目前，人工智能仍处于发展时期，很多问题解决得还不够好，甚至不能求解，很多问题的求解还需要一定的条件。

　　人工智能应用在计算机领域具有非常大的影响，不但能够及时调整计算机视觉信息，而且能够在计算机应用过程中对模糊信息进行处理，虽然计算机在技术领域上已经非常成熟，但是在不断发展的技术中仍然存在着些许漏洞和问题，模糊信息处理不当就是其中之一，但是人工智能技术与计算机的结合完美地解决了这些问题，同时为计算机模糊信息处理不当进行了良好的调整。人工智能技术不但为计算机的模糊信息进行了妥善处理，在处理过程中也能根据计算机的运行状态进行计算机修复，同时人工智能技术还可以使计算机与人为操作进行有效关联。在技术应用的过程中，通过人工智能信息将计算机日常工作数据进行模型处理，以模糊信息统计为基础将海量的信息总数据进行备份，一旦出现了计算机问题，人工智能的干预就可以直接通过数据库进行还原，从而实现上下级之间的信息沟通。这样的处理方式不但为计算机提供了有效保障，同时还为人工智能和计算机的结合进行了有效应用。然而对于计算机的层级处理，当前的人工智能技术尚未能完全解决，计算机技术的发展也衍生了一定的破坏性病毒，由于病毒的自身性质，有很多电脑病毒可以直接攻击人工智能系统，或在人工智能系统检查下伪装成无害软件——随着当前杀毒软件的不断强化，此类问题并不多见。由此可见，人工智能系统的应用对于计算机运行效率来说有着巨大的好处，可以帮助提高计算机网络系统管理水平，最大限度促进发展和进步。

　　本书从计算机技术概述入手，阐明了人工智能基础及应用，使读者能够深入了解人工智能技术的实际应用，接下来对网络基础与应用、数据库技术与应用及计算机视觉与语音处理做了详细的研究。本书论述严谨、条理清晰、内容丰富新颖，值得学习研究。

目　录

第一章　计算机技术概述

第一节　计算机概念与组成

计算机（computer）俗称电脑，是现代一种用于高速计算的电子计算机器，既可以进行数值计算，又可以进行逻辑计算，还具有存储记忆功能。它是能够按照程序运行，自动、高速处理海量数据的现代化智能电子设备。

一、计算机的基本概念

1946 年，美国宾夕法尼亚大学研制出第一台真正的电子数字计算机（electronic numerical integrator and calculator，ENIAC），电子数字计算机是 20 世纪最重大的发明之一，是人类科技发展史上的一个里程碑。经过多年的发展，计算机技术有了飞速的进步，应用日益广泛，已应用到社会的各个领域和行业，成为人们工作和生活中所使用的重要工具，极大地影响着人们的工作和生活。同时，计算机技术的发展水平已成为衡量一个国家信息化水平的重要标志。

（一）计算机的定义

计算机在诞生初期主要是用来进行科学计算的，所以被称为"计算机"，是一种自动化计算工具。但目前计算机的应用已远远超出了"计算"，它可以处理数字、文本、图形图像，声音、视频等各种形式的数据。"计算机"这个术语是 1940 年世界上第一台电子计算装置诞生之后才开始使用的。

实际上，计算机是一种能够按照事先存储的程序，自动、高速地对数据进行处理和存储的系统。一个完整的计算机系统包括硬件和软件两大部分：硬件是由各种机械、电子等器件组成的物理实体，包括运算器、存储器、控制器、输入设备和输出设备等 5 个基本组成部分；软件由程序及有关文档组成，包括系统软件和应用软件。

（二）计算机的分类

计算机分类的依据有很多，不同的分类依据有不同的分类结果。常见的分类方法有以下 5 种：第一，按规模分类。我们可以把计算机分为巨型机、小巨型机、大中型机、小型机、工作站和微型机（PC 机）等。第二，按用途分类。可以把计算机分为工业自动控制机和数据处理机等。第三，按结构分类。可以把计算机分为单片机、单板机、多芯片机和多板机。第四，按处理信息的形式分类。可以把计算机分为数字计算机和模拟计算机，目前的计算机都是数字计算机。第五，按字长分类。可以把计算机分为 8 位机、16 位机、32 位机和 64 位机等。

（三）计算机发展简史

1. 计算机发展史上有突出贡献的科学家

（1）查尔斯·巴贝奇（Charles Babbage）。1834 年设计出的机械方式的分析机是现代计算机的雏形。

（2）美国科学家霍华德·艾肯（Howard Aiken）。他在 IBM 的资助下，用机电方式实现了巴贝奇的分析机。

（3）英国科学家艾伦·麦席森·图灵（Alan Mathison Turing）。他是计算机科学奠基人，建立了图灵机（Turing Machine，TM）和图灵测试，阐述了机器智能的概念，是现代计算机可计算性理论的基础。为了纪念图灵对计算机发展的贡献，美国计算机学会（ACM）1966 年创立了"图灵奖"，被称为计算机界的诺贝尔奖，用于奖励在计算机科学领域有突出贡献的研究人员。

（4）匈牙利数学家约翰·冯·诺依曼（John von Neumann）。他与同事研制出第二台电子计算机 EDVAC（electronic discrete variable automatic computer，离散变量自动电子计算机），其所采用的"程序存储"概念在目前的计算机中依然沿用，被称为"冯·诺依曼"计算机。因此，他也被称为计算机之父。

2. 计算机的发展历程

1946 年 2 月，美国宾夕法尼亚大学研制出第一台真正的计算机 ENIAC。这个重 30t，占地 170m²，使用 18000 多个电子管，5000 多个继电器，电容器，功率 150kW 的庞然大物拉开了人类科技革命的帷幕，每秒计算能力为 5000 次加减运算。

到目前为止，计算机的发展根据所采用的物理器件，一般分为下列四个发展阶段：

（1）电子管计算机时代（1946—1959）。其基本特征是采用电子管作为计算机的逻辑元件，用机器语言或汇编语言编写程序，每秒计算能力是几千次加减运算，内存容量仅几KB，主要用于军事计算和科学研究。代表机型有 IBM650（小型机）和 IBM709（大型机）。

（2）晶体管计算机时代（1959—1964）。其基本特征是采用晶体管作为逻辑元件，可用的编程语言包括 FORTRAN、COBOL、ALGOL 等高级语言，每秒计算能力达到几十万次，内存采用了铁淦氧磁性材料，容量扩大到几十 KB。除了科学计算外，还可用于数据处理和事务处理。代表机型有 IBM7090、CDC7600。

（3）小规模、中规模集成电路计算机时代（1964—1975）。其基本特征是采用小规模集成电路 SSI（small scale integration）和中规模集成电路 MSI（middle scale integration）作为逻辑元件，体积进一步减小，运算速度每秒达到几十万次甚至几百万次；软件发展也日臻完善，特别是操作系统和高级编程语言的发展。这一时期，计算机开始向标准化、多样化、通用化系列发展，广泛应用到各个领域。代表机型有 IBM360。

（4）大规模 LSI（large scale integration）、超大规模集成电路 VLSI（Very Large Scale Integration）计算机时代（1975 年至今）。在本阶段，大规模和超大规模集成电路技术飞速发展，在硅半导体上集成了大量的电子元器件，运算速度可以达到每秒几十万亿次浮点运算。IBM 研制的"蓝色基因／L"超级计算机系统运算速度可达到每秒 136.8 万亿次浮点运算。同时，软件生产的工程化程度不断提高，操作系统不断完善，应用软件已成为现代工业的一部分。

（四）计算机的特点

1.计算速度快

计算机的处理速度用每秒可以执行多少百万条指令（Million of Instructions Per Second，MIPS）来衡量，巨型机的运算速度可以达到上千个 MIPS，这也是计算机广泛使用的主要原因之一。

2.存储能力强

目前一个普通的家用计算机存储能力可以达到上百 GB，更有多种移动存储设备可以使用，为人类的工作、学习提供了巨大的方便。

3.计算精度高

对于特殊应用的复杂科学计算，计算机均能够达到要求的计算精确度，如卫星发射、天气预报等海量数据的计算。

4. 可靠性高、通用性强

由于采用了大规模和超大规模集成电路，计算机具有非常高的可靠性，大型机可以连续运行几年。同一台计算机可以同时进行科学计算、事务管理、数据处理、实时控制、辅助制造等功能，通用性非常强。

5. 可靠的逻辑判断能力

采用"程序存储"原理，计算机可以根据之前的运行结果，逻辑地判断下一步如何执行。因此，计算机可以广泛地应用在非数值处理领域，如信息检索、图像识别等。

（五）计算机的应用

计算机的应用已经渗透到人类社会的各个领域，成为未来信息社会的强大支柱。目前计算机的应用主要在以下几方面：

1. 科学计算

科学计算包括最早的数学计算（数值分析等）和在科学技术与工程设计中的计算问题，如核反应方程式、卫星轨道、材料结构，大型设备的设计等。这类计算机要求速度快、精度高、存储量大。

2. 数据处理

目前，数据处理已经成为最主要的计算机应用，包括办公自动化（Office Automation，OA）、各种管理信息系统（Management Information System，MIS）、专家系统（Expert System，ES）等，在以后相当长的时间里，数据和事务处理仍是计算机最主要的应用领域。

3. 过程控制

日常生活中的各个领域都存在着过程控制，特别是工业和医疗行业。一般用于控制的计算机需要通过模拟/数字转换设备获取外部数据信息，经过识别处理后，再通过数字/模拟转换进行实时控制。计算机的过程控制可以大大提高生产的自动化水平、劳动生产率和产品质量。

4. 计算机辅助系统

目前广泛应用的计算机辅助系统包括计算机辅助设计（Computer Aided Design，CAD）、计算机辅助制造（Computer Aided Manufacturing，CAM）、计算机辅助测试（Computer Aided Testing，CAT）、计算机集成制造（Computer Integrated Manufacturing

System，CIMS）、计算机辅助教学（Computer Aided Instruction，CAI）等。

5. 计算机通信

计算机通信技术是近几年飞速发展起来的一个重要应用领域，主要体现在网络发展中。特别是多媒体技术的日渐成熟，给计算机网络通信注入了新的内容。随着全数字网络（ISDN）的广泛应用，计算机通信将进入更高速的发展阶段。

（六）微型计算机

微型计算机又称为个人计算机（personal computer，PC），它的核心部件是微处理器。世界上第一台 4 位 PC 机（MCS-4）是 1971 年 Intel 公司的马西安·霍夫（M.E.Hoff）研制而成的，他成功地将 CPU（控制器与运算器组成）集成在一个芯片上（Intel 4004）。此后，每 18 个月，微处理器的集成度和处理速度提高一倍、价格下降一半，依次研制出 8 位机 Intel 8080、16 位机 Intel 80286 和 32 位机 Intel 80386。1993 年研制出 Pentium 系列微处理器，2001 年 5 月 29 日 Intel 正式发布 64 位机微处理芯片 itanium，每秒可执行 64 亿次浮点操作。

PC 机是大规模、超大规模集成电路的产物。自问世以来，因其小巧、轻便、价格便宜、使用方便等优点得到迅速发展，并成为计算机市场的主流。目前 PC 机已经应用于社会的各个领域，几乎无所不在。微型机主要分为台式机（desktop computer）、笔记本电脑（notebook）和个人数字助理（Personal Distal Assistant，PDA）三种。

（七）计算机的主要性能指标

1. 主频即时钟频率

主频即时钟频率指计算机的 CPU 在单位时间内发出的脉冲数。它在很大程度上决定了计算机的运行速度。主频的单位是赫兹（Hz），目前微型机的主频达到 2GHz 以上。

2. 字长

字长是指计算机的运算部件能同时处理的二进制数据的位数。它决定了计算机的运算精确度。目前微型机大多为 32 位机，部分高档机达到 64 位。

3. 存储容量

存储容量是指计算机内存的存储能力，单位为字节。目前的微型机内存可以达到 1G 以上。

4.存取周期

存储器进行一次完整读写操作所用的时间称为存取周期。"读"指将外部数据信息存入内存储器，"写"指将数据信息从内部存储器保存到外存储器。目前微型机的存取周期能够达到几十纳秒。

除了上面提到的四项主要指标外，还应考虑机器的兼容性、系统的可靠性与可维护性等其他性能指标。

二、计算机系统的组成

计算机系统是由计算机硬件和计算机软件组成的。计算机硬件（Hardware）是指构成计算机的所有实体部件的集合，通常这些部件由电路（电子元件）、机械元件等物理部件组成。它们都是看得见、摸得着的物体。软件（software）主要是一系列按照特定顺序组织的计算机数据和指令的集合，较为全面的定义为软件是计算机程序、方法和规范及其相应的文档以及在计算机上运行时所必需的数据。软件是相对于机器硬件而言的。

（一）计算机的硬件系统

尽管计算机已经发展了五代，有各种规模和类型，但是当前的计算机仍然遵循被誉为"计算机之父"的冯·诺依曼提出的基本原理运行。冯·诺依曼原理的基本思想：①采用二进制形式表示数据和指令。指令由操作码和地址码组成。②将程序和数据存放在存储器中，使计算机在工作时从存储器取出指令加以执行，自动完成计算任务。这就是"存储程序"和"程序控制"（简称存储程序控制）的概念。③指令的执行是顺序的，即一般按照指令在存储器中存放的顺序执行，程序分支由转移指令实现。④计算机由存储器、运算器、控制器、输入设备和输出设备五大基本部件组成，并规定了五部分的基本功能。

冯·诺依曼原理的基本思想奠定了现代计算机的基本架构，并开创了程序设计的时代。采用这一思想设计的计算机被称为冯·诺依曼机。原始的冯·诺依曼机在结构上是以运算器为中心的，但演变到现在，电子数字计算机已经转向以存储器为中心。

在计算机的五大部件中，运算器和控制器是信息处理的中心部件，所以它们合称为"中央处理单元"（central processing unit，CPU）。存储器、运算器和控制器在信息处理中起着主要作用，是计算机硬件的主体部分，通常被称为"主机"。输入（input）设备和输出（output）设备统称为"外部设备"，简称为外设或 I / O 设备。

1. 存储器

存储器（memory）是用来存放数据和程序的部件的。对存储器的基本操作是按照要求向指定位置存入（写入）或取出（读出）信息。存储器是一个很大的信息储存库，被划分成许多存储单元，每个单元通常可存放一个数据或一条指令。为了区分和识别各个单元，并按指定位置存取，给每个存储单元编排了一个唯一对应的编号，称为"存储单元地址"（address）。存储器所具有的存储空间大小（所包含的存储单元总数）称为存储容量。通常存储器可分为两大类：主存储器和辅助存储器。

（1）主存储器

主存储器能直接和运算器、控制器交换信息，它的存取时间短但容量不够大；由于主存储器通常与运算器、控制器形成一体组成主机，所以也称为内存储器。主存储器主要由存储体、存储器地址寄存器（Memory Address Register，MAR）、存储器数据寄存器（Memory Data Register，MDR）以及读写控制线路构成。

（2）辅助存储器

辅助存储器不直接和运算器、控制器交换信息，而是作为主存储器的补充和后援，它的存取速度慢但容量极大。辅助存储器常以外设的形式独立于主机存在，所以辅助存储器也称为外存储器。

2. 运算器

运算器是对信息进行运算处理的部件。它的主要功能是对二进制编码进行算术（加减乘除）和逻辑（与或非）运算。运算器的核心是算术逻辑运算单元（Arithmetic Logic Unit，ALU）。运算器的性能是影响整个计算机性能的重要因素，精度和速度是运算器重要的性能指标。

3. 控制器

控制器是整个计算机的控制核心。它的主要功能是读取指令、翻译指令代码并向计算机各部分发出控制信号，以便执行指令。当一条指令执行完以后，控制器会自动地去取下一条将要执行的指令，依次重复上述过程直到整个程序执行完毕。

4. 输入设备

人们编写的程序和原始数据是经输入设备传输到计算机中的。输入设备能将程序和数据转换成计算机内部能够识别和接收的信息方式，并按顺序把它们送入存储器中。输入设备有许多种，如键盘、鼠标、扫描仪和光电输入机等。

5.输出设备

输出设备将计算机处理的结果以人们能接受的或其他机器能接受的形式送出。输出设备同样有许多种，如显示器、打印机和绘图仪等。

计算机各部件之间的联系是通过两种信息流实现的。粗线代表数据流，细线代表指令流。数据由输入设备输入，存入存储器中；在运算过程中，数据从存储器读出，并送入运算器进行处理；处理的结果再存入存储器，或经输出设备输出，而这一切则是由控制器执行存于存储器的指令实现的。

（二）计算机的软件系统

计算机软件（software）是指能使计算机工作的程序和程序运行时所需要的数据以及与这些程序和数据有关的文字说明和图表资料，其中文字说明和图表资料又称为文档。软件也是计算机系统的重要组成部分。相对于计算机硬件而言，软件是计算机的无形部分，但它的作用很大。如果只有好的硬件，没有好的软件，计算机不可能显示出它的优越性能。

计算机软件可以分为系统软件和应用软件两大类。系统软件是指管理、监控和维护计算机资源（包括硬件和软件）的软件。系统软件为计算机使用提供最基本的功能，但并不针对某一特定应用领域。应用软件则恰好相反，不同的应用软件根据用户和所服务的领域提供不同的功能。

1.系统软件

目前常见的系统软件有操作系统、各种语言处理程序、数据库管理系统以及各种服务性程序等。

（1）操作系统

操作系统是最底层的系统软件，是对硬件系统功能的首次扩充，也是其他系统软件和应用软件在计算机上运行的基础。操作系统实际上是一组程序，用于统一管理计算机中的各种软、硬件资源，合理地组织计算机的工作流程，协调计算机系统各部分之间、系统与用户之间、用户与用户之间的关系。由此可见，操作系统在计算机系统中占有非常重要的地位。操作系统通常具有五个方面的功能，即存储管理、处理器管理、设备管理、文件管理和作业管理。

（2）语言处理程序

人们要利用计算机解决实际问题，首先要编制程序。程序设计语言就是用来编写程序的语言，它是人与计算机之间交换信息的渠道。程序设计语言是软件系统的重要组成部分，而相应的各种语言处理程序属于系统软件。程序设计语言一般分为机器语言、汇编语言和高级语言三类：①机器语言。机器语言是最底层的计算机语言。用机器语言编写的程序，计算机硬件可以直接识别。②汇编语言。汇编语言是为了便于理解与记忆，将机器语言用助记符号代替而形成的一种语言。③高级语言。高级语言与具体的计算机硬件无关，其表达方式接近于被描述的问题，易为人们所接受和掌握。用高级语言编写程序要比低级语言容易得多，并大大简化了程序的编制和调试，使编程效率得到大幅度的提高。高级语言的显著特点是独立于具体的计算机硬件，通用性和可移植性好。

（3）数据库管理系统

随着计算机在信息处理、情报检索及各种管理系统中应用的发展，要求大量处理某些数据，建立和检索大量的表格。如果将这些数据和表格按一定的规律组织起来，可以使这些数据和表格处理起来更方便，检索更迅速，用户使用更方便，于是出现了数据库。数据库就是相关数据的集合。数据库和管理数据库的软件构成数据库管理系统。数据库管理系统目前有许多类型。

（4）服务程序

常见的服务程序有编辑程序、诊断程序和排错程序等。

2. 应用软件

应用软件是指除了系统软件以外的所有软件，是用户利用计算机及其提供的系统软件为解决各种实际问题而编制的计算机程序。计算机已渗透各个领域，因此，应用软件是多种多样的。常见的应用软件有以下几类：①用于科学计算的程序包。②字处理软件。③计算机辅助设计、辅助制造和辅助教学软件。④图形软件等。例如，文字处理软件 Word、WPS 和 Acrobat，报表处理软件 Excel，软件工具 Norton，绘图软件 Auto CAD、Photoshop 等。

（三）硬件与软件的逻辑等价性

现代计算机不能简单地被认为是一种电子设备，而是一个十分复杂的由软、硬件结合而成的整体。而且，在计算机系统中并没有一条明确的关于软件与硬件的分界线，没有一条硬性准则来明确指定什么必须由硬件完成，什么必须由软件来完成。因为，任何一个由软件所完成的操作也可以直接由硬件来实现，任何一条由硬件所执行的指令也能用软件来完成。这就是所谓的软件与硬件的逻辑等价。例如，在早期计算机和低档微型机中，由硬件实现的指令较少，像乘法操作，就由一个子程序（软件）去实现。但是，如果用硬件线路直接完成，速度会很快。另外，由硬件线路直接完成的操作，也可以由控制器中微指令编制的微程序来实现，从而把某种功能从硬件转移到微程序上。另外，还可以把许多复杂的、常用的程序硬件化，制作成所谓的"固件"（firmware）。固件是一种介于传统的软件和硬件之间的实体，功能上类似于软件，但形态上又是硬件。对于程序员来说，通常并不关心究竟一条指令是如何实现的。

微程序是计算机硬件和软件相结合的重要形式。第三代以后的计算机大多采用微程序控制方式，以保证计算机系统具有最大的兼容性和灵活性。从形式上看，用微指令编写的微程序与用机器指令编写的系统程序差不多。微程序深入机器的硬件内部，以实现机器指令操作为目的，控制着信息在计算机各部件之间流动。微程序也基于存储程序的原理，把微程序存放在控制存储器中，所以也是借助软件方法实现计算机工作自动化的一种形式。这充分说明软件和硬件是相辅相成的。第一，硬件是软件的物质支柱，正是在硬件高度发展的基础上才有了软件的生存空间和活动场所。没有大容量的主存和辅存，大型软件将发挥不了作用，而没有软件的"裸机"也毫无用处，等于没有灵魂的人的躯壳。第二，软件和硬件相互融合、相互渗透、相互促进的趋势越来越明显。硬件软化（微程序即是一例）可以增强系统功能和适应性。软件硬化能有效发挥硬件成本日益降低的优势。随着大规模集成电路技术的发展和软件硬化的趋势，软硬件之间明确的划分已经显得比较困难了。

三、计算机数据与信息

（一）数据

数据是指存储在某种媒体上可以加以鉴别的符号资料。数据的概念包括两个方面：一方面，数据内容是反映或描述事物特性的；另一方面，数据是存储在某一媒体上的。它是描述、记录现实世界客体的本质、特征以及运动规律的基本量化单元。描述事物特性必须借助一定的符号，这些符号就是数据形式，因此数据形式是多种多样的。

从计算机角度看，数据就是用于描述客观事物的数值、字符等一切可以输入计算机中，并可由计算机加工处理的符号集合。可见，在数据处理领域中的数据概念与在科学计算领域相比已大大拓宽。所谓"符号"不仅仅指数字、文字、字母和其他特殊字符，而且还包括图形、图像、动画、影像及声音等多媒体数据。

（二）信息

"信息"一词来源于拉丁文"Information"，意思是一种陈述或一种解释、理解等。作为一个科学概念，它较早出现于通信领域。长期以来，人们从不同的角度和不同的层次出发，对信息概念有着很多不同的理解。

信息论的创始人，美国数学家香农（Shannon）在 1948 年给信息的定义是：信息是能够用来消除不确定性的东西。他认为信息具有使不确定性减少的能力，信息量就是不确定性减少的程度。这里所谓的"不确定性"是指如果人们对客观事物缺乏全面的认识，就会表现出对这种事物的情况是不清楚的、不确定的，这就是不确定性。当人们对它们的认识清楚以后，不确定性就减少或消除了，于是就获得了有关这些事物的信息。

控制论的创始人，美国数学家维纳（Wiener）认为，信息是我们适应外部世界、感知外部世界的过程中与外部世界进行交换的内容，即信息就是控制系统相互交换、相互作用的内容。系统科学认为，客观世界由物质、能量和信息三大要素组成，信息是物质系统中事物的存在方式或运动状态，以及对这种方式或状态的直接或间接表述。

一般认为，信息是在自然界、人类社会和人类思维活动中普遍存在的一切物质和事物的属性。

可以看出，信息的概念非常宽泛。随着时间的推移，时代将赋予信息新的含义，因此，信息是一个动态的概念。现代"信息"的概念，已经与微电子技术、计算机技术、通信技术、网络技术、多媒体技术、信息服务业、信息产业、信息经济、信息化社会、信息管理及信息论等含义紧密地联系在一起了。

总之，信息是一个复杂的综合体，其基本含义是：信息是客观存在的事实，是物质运动轨迹的真实反映。信息一般泛指包含于消息、情报、指令、数据、图像、信号等形式之中的知识和内容。在现实生活中，人们总是在自觉或不自觉地接受、传递、存储和利用着信息。

（三）数据和信息的关系

数据与信息是信息技术中两个常用的术语，很多人常常将它们混淆。实际上，它们之间是有差别的。信息的符号化就是数据，数据是信息的具体表现形式。数据本身没有意义，而信息是有价值的。数据是信息的载体和表现形式，信息是经过加工的数据，是有用的，它代表数据的含义，是数据的内容或诠释。信息是从数据中加工、提炼出来的，是用于帮助人们正确决策的有用数据，是数据经过加工以后的能为某个目的使用的数据。

根据不同的目的，我们可以从原始数据中加工得到不同的信息。虽然信息都是从数据中提取出来的，但并非一切数据都能产生信息。可以认为，数据是处理过程的输入，而信息是输出。例如，38℃就是一个数据，如果是人的体温，则表示发烧；如果是水的温度，则表示是人适宜饮用的温度。这些就是信息。

（四）信息的特征

信息广泛存在于现实中，人们时时处处在接触、传播、加工和利用着信息。信息具有以下特征：

1. 信息的普遍性和无限性

世界是物质的，物质是运动的，事物运动的状态与方式就是信息，即运动的物质既产生也携带信息，因而信息是普遍存在的，信息无处不在、无时不在；由于宇宙空间的事物是无限丰富的，所以它们所产生的信息也必然是无限的。例如，现实世界里天天发生着的各种各样的事，不管你在意不在意，它总是普遍存在和延续着。

2. 信息的客观性和相对性

信息是客观事物的属性，必须如实地反映客观实际，它不是虚无缥缈的东西，可以被人感知、存储、处理、传递和利用；同时，由于人们认知能力等各个方面的不同，从一个事物获取到的信息也会有所不同，因此，信息又是相对的。

3. 信息的时效性和异步性

信息总是反映特定时刻事物运动的状态和方式，脱离源事物的信息会逐渐失去效用，一条信息在某一时刻价值非常高，但过了这一时刻，可能一点价值也没有。异步性是时效的延伸，包括滞后性和超前性两个方面，信息会因为某些原因滞后于事物的变化，也会超前于现实。例如，天气预报的信息就具有典型的时效性，过时就失去了价值，但是它超前就具有重要意义。再如，依据一张老的列车时刻表出发，则可能会误事。

4. 信息的共享性和传递性

共享性是指信息可以被共同分享和占有。信息作为一种资源，不同的个体或群体在同一时间或不同时间可以共同享用，这是信息与物质的显著区别。信息的分享不仅不会失去原有信息，而且还可以广泛地传播与扩散，供全体接收者共享；信息本身只是一些抽象的符号，必须借助媒介载体进行传递，人们要获取信息也必须依赖于信息的传输。信息的可传递性表现在空间和时间两个方面。把信息从时间或空间上的某一点向其他点移动的过程称为信息传输。信息借助媒介的传递是不受时间和空间限制的。信息在空间中传递被称为通信。信息在时间上的传递被称为存储。

5. 信息的变换性和转化性

信息可能依附于一切可能的物质载体，因此，它的存在形式是可变换的。同样的信息，可以用语言文字表达，也可以用声波来做载体，还可以用电磁波和光波来表示；信息在变换载体时的不变性，使得信息可以方便地从一种形态转换为另一种形态。信息对于载体的可选择性使如今的信息传递不仅可以在传播方式上加以选择，而且传递时间和空间也非常灵活，并使人类开发和利用信息资源的各项技术的实现成为可能。信息的可变换性还体现在可对信息进行压缩，可以用不同的信息量来描述同一事物，用尽可能少的信息量描述一件事物的主要特征就是实现了压缩；信息也是可以转化的，也就是可以处理的，即利用各种技术，把信息从一种形态转变为另一种形态。例如，看天气预报，人们会将代表各种天气的符号转化为具体信息。信息在一定条件下可以转化为时间、金钱和效益等物质财富。

6. 信息的依附性和抽象性

信息不能独立存在，必须借助某种载体才可能表现出来，才能为人们交流和认识，才会使信息成为资源和财富；人们能够看得见、摸得着的只是信息载体而非信息内容，即信息具有抽象性。信息的抽象性增加了信息认识和利用的难度，从而对人类提出了更高的要求。对于认识主体而言，获取信息和利用信息都需要具备抽象能力，正是这种能力决定着人的智力和创造力。例如，书就是信息的依附载体，但是内容就是抽象的，所以不同的人理解和体会就不尽相同。

（五）信息的处理

在电话、电报时代就已经有了信息的概念，但当时人们更关心的是信息的有效传输。随着社会的进步和发展，人们对信息的开发利用不断深入，信息量骤增，信息间的关联也日益复杂，因此，对信息的处理就显得越来越重要。早期的信息处理都是由人工或者借助其他工具完成的，而计算机的出现，使得对大容量信息进行高速、有效的处理成为可能。信息处理就是指信息的采集、存储、输入、传输、加工、输出等操作。当然，被处理的信息是以某种形式的数据表示出来的，所以信息处理有时也称数据处理。

计算机是一种非常强大的信息处理工具，现在说信息处理实质上就是由计算机进行数据处理的过程，即通过数据的采集和输入，有效地把数据组织到计算机中，由计算机系统对数据进行一系列存储、加工和输出等操作。在信息处理过程中，信息处理的工具不同，信息处理的各个操作的实现方式也就不同。例如，如果处理工具是人，则输入是通过眼睛、耳朵、鼻子等来完成的，加工由人脑来完成；如果处理工具是计算机，则输入是通过键盘、鼠标等来完成的，加工则由中央处理器来完成。

第二节　计算机硬件技术

计算机的广泛应用，使得人们的工作和生活变得更加便捷。随着科技的不断创新和改革，计算机的运行状态以及其配置程度发生了巨大的变化，计算机在人们生活和工作中起着越来越大的作用。人们对于计算机有了更多的需求，推动着计算机中相关技术的质量不断提高。要想应用好计算机就必须使计算机硬件相关技术指标合格。计算机技术的更新换代，也使与计算机相关的诊断技术、维护技术、存储技术等都扩大了其应用范围。

一、计算机硬件技术

（一）诊断技术

诊断技术是对计算机运行过程中出现的问题故障进行诊断，利用诊断系统检测故障出现的原因。在这一流程中，为了保证计算机能够自动运行诊断技术，一般采用诊断系统与数据生成系统结合的方式。数据生成系统能够将输入计算机的数据变成系统的网络，然后对计算机的硬件进行检测。诊断系统根据数据生成系统的报告对计算机的问题故障进行解决并且生成报告。在诊断技术的进行中，一般会有一台独立的计算机为诊断机使用，从而可以采取微诊断、远程诊断等多种多样的诊断形式。

（二）存储技术

随着计算机的普及，计算机也在不断地更替，以多种形式出现。在不断发展过程中，计算机的存储技术也在不断地提升。存储技术有 NAS、SAN、DAS 等多种模式。不同的模式有不同的用处及优缺点。例如，NAS 模式具有优良的延展性，所占服务器的资源较少，但是传输速度慢，直接影响了计算机的网络高性能；SAN 模式在速度和延展性上都有优势，但是 SAN 技术复杂，成本较高；DAS 模式操作简单、成本低、性价比高，不足之处在于安全性较差、延展性差。

（三）加速技术

计算机给人们带来的是效率，人们追求的也是高速的数据处理系统，因此，在数据的处理速度上需要不断地改进，做到更快。近年来，加速技术逐渐成为计算机领域研究的重点内容。在加速技术不断发展的过程中，利用硬件的功能特色来替代软件算法的技术也在不断地生成中，成为技术人员的研发重点内容；在信息的处理中，硬件技术充分地发挥了调用程序及数据分析处理的功能，提高了计算机的工作效率。要提高计算机的加速技术，可以在计算机里面增添一些对应的软件，将软件功能聚集起来，以此协助 CPU 同步运算，加快计算机的运行速度，从而提高计算机数据处理速度及运行能力。

（四）开发技术

当前，就计算机的发展来说，开发技术主要针对嵌入式硬件技术平台。嵌入式硬件技术平台包括嵌入式的控制器、处理器以及芯片。控制器可以在单片计算机的芯片中形成一个集合，以实现多种多样的功能，减少成本，减少计算机的整体大小，为后续微型计算机的发展奠定基础。在计算机硬件技术的发展中，也注重了数字信号处理器的研发，这样能够有效地提升计算机整体的速度，提升计算机的性能。

（五）维护技术

维护技术是保证计算机硬件正常运行的存在。有时候，计算机在运行的过程中，难免会遇到一些问题，而在维护技术的运行过程中则会对容易出现问题的部件进行保养与维护。同时，使用者也要学会一些计算机的维护方法，对于计算机时常出现的小问题能够及时处理，比如清洁、除锈工作是必要的，以保证计算机在优良的状态下高效工作。

（六）计算机硬件的制造技术

我国计算机硬件的制造技术正不断发展，可以制造光驱、声卡、显卡、内存、主板等一系列的硬件。但是，我国目前在 CPU 方面的技术并不是很理想，仍需不断努力。我国计算机硬件的核心制造技术主要包括微电子技术和光电子技术。只有拥有良好的硬件制造技术，计算机行业才可以开发软件和进行正常工作。计算机硬件的制造技术是未来社会发展的必然趋势。

二、计算机硬件技术的发展

（一）计算机硬件技术的发展现状

随着计算机的普及与发展，计算机的操作也在不断简化，计算机逐渐地朝着微型、巨型、智能化、网络化的方向发展。根据人们工作的需要，计算机的各种细节都在不断地被细化，要求的效率也更高了。计算机的使用能够更快地完成数据的调查统计与搜集工作。计算机硬件的发展需要在不断研发中得到进一步的完善与强化，由此不仅可以保证问题解决的速度，还能够同时解决更多的问题，从而在解决问题的基础上达到保证质量。在硬件技术的发展中，微型处理器可以说是代表性部件。首先，微型处理器在计算机硬件技术中是十分重要的一部分，计算机每一个功能的使用都需要以此为基础。其次，微型处理器的存在能够在整体上提高计算机的性能。由此可以知道，计算机硬件技术的发展状况十分理想，在各个方面都取得了一定的成就。

（二）计算机硬件技术的发展前景

根据计算机硬件技术的发展现状，计算机硬件技术会朝着超小型、超高速、智能化等方向发展。就智能化来说，计算机会具有更多的感知功能，并且会具有更加人性化的判断和思考能力以及语言能力。首先，除了计算机当前已有的输入设备之外，还会有直接人机接触的设备出现。这种直接人机接触设备让人在使用中有一种身临其境的感觉，也是虚拟不断转化为现实技术发展的集中体现。其次，硬件技术中的芯片也会不断发展。比如，硅技术、硅芯片在我国计算机领域正在不断地发展壮大，这也是世界各国研究人员研究新型计算机的基础。根据计算机硬件技术的发展速度，在未来会出现并普及更多的新型分子计算机、纳米计算机、量子计算机、光子计算机等。

（三）计算机硬件技术的发展趋势

1. 变得更加小巧

对于计算机硬件技术的发展，就体积上来说，一直不断地在追求精巧。体积小巧可以更加方便日常携带。如果发展得更为迅速的话，硬件甚至可以放置在口袋内、衣服上甚至是皮肤里面。这样的变革是由生产的速度、芯片的低价格、体积变小共同完成的。首先，纳米技术在电子产品领域的使用，使得数码产品、电器产品在功能上变得更加齐全，也更为智能化。其次，现在平板电脑、掌上电脑的数据处理等运用性能也在不断地改进和完善，在未来将会给人们的生活、工作带来极大的便利。

2. 变得更加个性化

计算机在未来的发展中，在芯片和交互软件上都会有很大的革新。在未来的某一天，人与计算机通过语音交流将成为一种时尚。首先，现在我们需要通过语音识别让计算机认知我们在说什么。而在未来，只要计算机认知了我们的"唇语"，便能知道我们在说什么。甚至，使用者的一个动作就能够让计算机了解使用者在说什么，想要做什么，明白各种形式的指令。调查显示，这样拥有电子大脑的计算机将会在未来的十年内开始得到发展。其次，个性化的计算机应该还有更为顺应潮流的功能，比如指纹认证、声控认证等，这样能够保证使用者的隐私权。

3. 变得更加聪明

计算机系统的不断优化、数据处理系统的进步，使得计算机也逐渐变得更为聪明。有效的软件控制和整体性能的硬件技术的提高，将会衍生出能够主动学习的个人计算机。就像制作机器人一样，在计算机领域也能够制作出智能人。虽然在这个发展过程中，有着许多的技术障碍，但是这一研究却是有很大的概率实现的。在未来的发展中，顺应时代发展潮流，计算机能够为个人的生活、工作带来极大的便利。同时可以根据主人的习惯，在后期逐渐地了解使用者的需要，掌握他的心意，从而更为主动地去寻找信息，并主动地获得信息、提供信息。

4. 计算机发展的措施和目标

在巨大的社会变革和科技飞跃的影响下，计算机重要的组成部位与核心构件——处理器内存等硬件设备，从巨大到小巧，从笨拙到灵便，但是唯一不变的是其性能越来越强。巨型、微型化、网络化和智能化是计算机硬件未来的方向发展。GPU技术出现仅仅几年就迅速成为研究热点，足以看出此项技术具有广阔的发展前景，但面向GPU的软件开发依然是其应用的主要瓶颈。受功耗、传统集成电路技术等制约，单CPU性能提高有很大的局限性。开发新材料、完善计算机封装结构成为提高计算性能的新途径，高性能软硬件一体化发展是高性能计算大力推广的关键。目前硬件发展优于软件，所以必须大力发展软件产业，充分发挥硬件的性能优势。

计算机硬件技术在未来的发展历程中将会有更大的进步与创新，也会推动我国乃至全球经济的迅速发展，为人类的发展历程贡献新的突破。硬件技术的作用众所周知，要想实现技术更好应用，就必须注重硬件技术的发展与开发，才能够有效地提高计算机的综合性能。

第三节　计算机软件技术

计算机软件的发展受到应用和硬件的推动与制约；反之，软件的发展也推动了应用和硬件的发展。

一、计算机软件技术的发展

软件技术发展历程大致可分为三个不同时期：①软件技术发展早期（20 世纪五六十年代）。②结构化程序和对象技术发展时期（20 世纪七八十年代）。③软件工程技术发展时期（从 20 世纪 90 年代到现在）。

（一）软件技术发展早期

在计算机发展早期，应用领域较窄，主要是科学与工程计算，处理对象是数值数据。1956 年，在巴克斯（J.Backus）领导下为 IBM 机器研制出第一个实用高级语言及其翻译程序，此后，相继又有多种高级语言问世，从而使设计和编制程序的功效大为提高。这个时期计算机软件的巨大成就之一，就是在当时的水平上成功地解决了两个问题：一方面，开始设计出了具有高级数据结构和控制结构的高级程序语言；另一方面，又发明了将高级语言程序翻译成机器语言程序的自动转换技术，即编译技术。然而，随着计算机应用领域的逐步扩大，除了科学计算继续发展以外，出现了大量的数据处理和非数值计算问题。为了充分利用系统资源，出现了操作系统；为了适应大量数据处理问题的需要，出现了数据库及其管理系统。软件规模与复杂性迅速增大。当程序复杂性增加到一定程度以后，软件研制周期难以控制，正确性难以保证，可靠性问题相当突出。为此，人们提出用结构化程序设计和软件工程方法来克服这一危机。软件技术发展随之进入一个新的阶段。

（二）结构化程序和对象技术发展时期

从 20 世纪 70 年代初开始，大型软件系统的出现给软件开发带来了新问题。大型软件系统的研制需要花费大量的资金和人力，可是研制出来的产品却是可靠性差、错误多，维护和修改也很困难。一个大型操作系统有时需要几千人一年的工作量，而所获得的系统又常常会隐藏着几百甚至几千个错误。程序可靠性很难保证，程序设计工具的严重缺乏也使软件开发陷入困境。

结构程序设计的讨论催生了一系列的结构化语言。这些语言具有较为清晰的控制结构，与原来常见的高级程序语言相比有一定的改进，但在数据类型抽象方面仍显不足。面向对象技术的兴起是这一时期软件技术发展的主要标志。"面向对象"这一名词在 20 世纪 80 年代初由 Small-talk 语言的设计者首先提出，而后逐渐流行起来。面向对象的程序结构将数据及对数据的操作一起封装，组成抽象数据或者叫作对象。具有相同结构属性和操作的一组对象构成对象类。对象系统就是由一组相关的对象类组成，能够以更加自然的方式模拟外部世界现实系统的结构和行为。对象的两大基本特征是信息封装和继承。通过信息封装，在对象数据的外围好像构筑了一堵"围墙"，外部只能通过围墙的"窗口"去观察和操作围墙内的数据，这就保证了在复杂的环境条件下对象数据操作的安全性和一致性。通过对象继承可实现对象类代码的可重用性和可扩充性。可重用性能处理父、子类之间具有相似结构的对象共同部分，避免代码一遍又一遍的重复。可扩充性能处理对象类在不同情况下的多样性，在原有代码的基础上进行扩充和具体化，以求适应不同的需要。传统的面向过程的软件系统以过程为中心。过程是一种系统功能的实现，而面向对象的软件系统是以数据为中心。与系统功能相比，数据结构是软件系统中相对稳定的部分。对象类及其属性和服务的定义在时间上保持相对稳定，还能提供一定的扩充能力，这样就可大为节省软件生命周期内系统开发和维护的开销。就像建筑物的地基对于建筑物的寿命十分重要一样，信息系统以数据对象为基础构筑，其系统稳定性就会十分牢固。到 20 世纪 80 年代中期以后，软件的蓬勃发展更来源于当时两大技术进步的推动力：一是微机工作站的普及应用；二是高速网络的出现。其导致的直接结果是：一个大规模的应用软件，可以由分布在网络上不同站点机的软件协同工作去完成。由于软件本身的特殊性和多样性，在大规模软件开发时，人们几乎总是面临困难。软件工程在面临许多新问题和新挑战后进入一个新的发展时期。

（三）软件工程技术发展时期

自从软件工程这一名词诞生以来，历经多年的研究和开发，人们深刻认识到，软件开发必须按照工程化的原理和方法来组织和实施。软件工程技术在软件开发方法和软件开发工具方面，在软件工程发展的早期，特别是 20 世纪七八十年代的软件蓬勃发展时期，已经取得了非常重要的进步。软件工程作为一个学科方向，越来越受到人们的重视。但是，大规模网络应用软件的出现所带来的新问题，使得软件人员在如何协调合理预算、控制开发进度和保证软件质量等方面面临更加困难的境地。

进入 20 世纪 90 年代，Internet 和 WWW 技术的蓬勃发展使软件工程进入一个新的技术发展时期。以软件组件复用为代表，基于组件的软件工程技术正在使软件开发方式发生巨大改变。早年软件危机中提出的严重问题，有望从此开始找到切实可行的解决途径。在这个时期，软件工程技术发展代表性标志有三个方面。

1. 基于组件的软件工程和开发方法成为主流

组件是自包含的，具有相对独立的功能特性和具体实现，并为应用提供预定义好的服务接口。组件化软件工程是通过使用可复用组件来开发、运行和维护软件系统的方法、技术和过程。

2. 软件过程管理

软件工程管理应以软件过程管理为中心去实施，贯穿于软件开发过程的始终。在软件过程管理得到保证的前提下，软件开发进度和产品质量也就随之得到保证。

3. 网络应用软件规模越来越大，使应用的基础架构和业务逻辑相分离

网络应用软件规模越来越大、复杂性越来越高，使得软件体系结构从两层向三层或者多层结构转移，使应用的基础架构和业务逻辑相分离。应用的基础架构由提供各种中间件系统服务组合而成的软件平台来支持，软件平台化成为软件工程技术发展的新趋势。软件平台为各种应用软件提供一体化的开放平台，既可保证应用软件所要求的基础系统架构的可靠性、可伸缩性和安全性的要求，又可使应用软件开发人员和用户只集中关注应用软件的具体业务逻辑实现，而不必关注其底层的技术细节。当应用需求发生变化时，只要变更软件平台之上的业务逻辑和相应的组件实施就行了。

以上这些标志象征着软件工程技术已经发展上升到一个新阶段，但这个阶段尚未结束。软件技术发展日新月异，Internet 的进步促使计算机技术和通信技术相结合，更使软件技

术的发展呈现五彩缤纷的局面，软件工程技术的发展也将永无止境。

软件技术是从早期简单的编程技术发展起来的，现在包括的内容很多，主要有需求描述和形式化规范技术、分析技术、设计技术、实现技术、文字处理技术、数据处理技术、验证测试及确认技术、安全保密技术、原型开发技术和文档编写及规范技术、软件重用技术、性能评估技术、设计自动化技术、人机交互技术、维护技术、管理技术和计算机辅助开发技术等。

二、当前计算机软件技术的应用

众所周知，计算机最为重要的组成部分之一就是软件，软件也是计算机系统的核心部件。当前，随着科学技术的发展，计算机软件技术已有了很大的发展。计算机软件技术的应用已经涉及各个领域，其具体的应用领域主要体现在以下几方面：

（一）网络通信

信息时代的今天，人们非常重视信息资源的共享和交换。同时，随着光网城市的建设，使得我国网络普及的覆盖面越来越宽，用户通过计算机软件进行网络通信的频率也是越来越多。在网络通信中，利用计算机软件可以实现不同区域、不同国家之间的异地交流沟通和资源共享，将世界连接成为一个整体。比如，利用计算机软件技术可以进行网络会议，也可以视频聊天，给我们的工作和生活都带来了无限的可能。

（二）工程项目

我们不难发现，与过去相比，一个工程项目无论从工作质量还是完成速率，都有着突飞猛进的发展。这是因为在工程项目中应用了计算机软件技术，其为工程项目带来了非常大的帮助。比如，将工程制图计算机软件应用于工程项目中，可以大大提高工程设备的准确率和效率；将工程管理计算机软件应用于工程项目中为工程的管理提供了便捷。此外，将工程造价计算机软件应用于工程管理中不仅可以保障对工程造价评估的准确性，还能为工程节约大量成本。总而言之，在工程项目中应用计算机软件技术对工程无论是质量、效率，还是成本都有着非常重要的作用。

（三）学校教学

与传统的教学方式相比，现代的教育中应用计算机软件技术有着质的飞跃。传统教育中往往是老师在黑板上用粉笔书写上课内容，对于教师而言，既耗时又耗力，对学生而言也会觉得非常无趣。而当前，我们在教学中应用计算机软件技术不仅可以有效提高教学效率，还能更好地激发学生学习的兴趣。比如，老师利用 PPT 等 office 软件代替传统黑板书写，省时省力，学生也更感兴趣。还可以利用计算机软件让学生进行考试答卷，既保证了考试阅卷的准确性，也节约了大量的阅卷时间。

（四）医院医疗

信息时代的今天，医疗方面也有了很大的改革。与现代医疗相比，传统医疗既昂贵又耽误时间。而当前，许多医院计算机软件技术的应用，为医院和病人提供了便利。比如，通过计算机软件可以实现病人预约挂号，为病人节约大量宝贵的时间。利用计算机软件技术实现病人在计算机终端取检查报告，既保障了病人医疗报告的隐私，也节约了病人排队取报告的时间。总之，医院医疗中计算机软件技术的应用，无论对医院还是病人都有着重要的实际意义。

计算机软件技术对我们的工作、生活、学习都有着重大的作用。计算机软件技术在网络通信、工程项目、学习教学以及医院医疗等各方面的应用都彰显出计算机软件技术在我国各个发展领域的重要性。未来，计算机软件技术必然有着更加深远的发展前景。

第四节　计算机信息技术应用

信息技术（Information Technology，IT），是主要用于管理和处理信息所采用的各种技术的总称。它主要是应用计算机科学和通信技术来设计、开发、安装和实施信息系统及应用软件。

一、信息技术的原理与功能

（一）信息技术的原理

任何事物的发展都是有规律的，科学技术也是如此。按照辩证唯物主义的观点，人类的一切活动都可以归结为认识世界和改造世界。从科学技术的发展历史来看，人类之所以需要科学技术，也正是因为科学技术可以为人类提供力量、智慧，能够帮助人类不断地认识和改造世界。信息技术的产生与发展也正是遵循着"为人类服务"这一规律的。信息技术在发展过程中遵循的原理如下：

1. 信息技术发展的根本目的为辅人

信息技术的重大作用是作为工具来解决问题、激发创造力以及使人们工作更有效率。在人类的最初发展阶段，人们的生活仅仅依靠自身的体力与自然抗争，采食果腹，抵御野兽。人类在赤手空拳地同自然作斗争的漫长过程中，逐渐认识到自身功能的不足。于是，人类就开始尝试着借用或制造各种各样的工具来加强、弥补或延长自身器官的功能。这就是技术的起源。在很长一段时期内，由于生产力水平和生产社会化程度都很低，人们交往的时空比较狭窄，仅凭天赋的信息器官的能力就能满足当时认识世界和改造世界的需要。因此，尽管人们一直在同信息打交道，但尚无延长信息器官功能的迫切要求。只是到了近代，随着生产和实践活动的不断发展，人类需要面对和处理的信息越来越多，已明显超出人类信息器官的承载能力，人类才开始注意研制能够扩展和延长自身信息器官功能的技术，于是发展信息技术就成了这一时期的中心任务。以20世纪40年代为起点，经过20世纪五六十年代的酝酿和积累，终于迎来了信息技术的突飞猛进。人类在信息的获取、传输、存储、显示、识别和处理以及利用信息进行决策、控制、组织和协调等方面都取得了巨大的突破，并使整个社会出现了"信息化"的潮流。至此，人类同信息打交道的方式和水平才发生了根本性的变革。

2. 信息技术发展的途径为拟人

信息技术的有效应用符合高科技—高利用的原理，越是认为信息技术是"高科技"，考虑它的"高利用"就越重要。因此，应该始终使信息技术适应人，而不是叫人去适应信息技术的进步。随着人类发展的步伐逐渐加快，作为人类争取从自然中解放出来的有力武器，科学技术的辅人作用正是通过扩展和延长人类各种器官的功能得以实现的。人类在认识世界和改造世界的过程中，对自身某些器官的功能提出了新的要求，但是人类这些器官的功能却不可以无限发展，于是就有了通过应用某种工具和技术来达到延长自身器官功能的要求。例如，斧、锄、起重机、机械手等生产工具，这些工具使肢体的能力得到补充和加强，从而使肢体的功能在体外得以延伸和发展。但是经过长期的实践，人类在逐渐掌握了这些工具和技术以后，又会对自身器官的功能水平提出新的要求。人类经过创造新技术进而掌握新技术，使自身对自然的认识达到一个新的水平，使得技术的更新不断出现，不断向更高水平发展。如此周而复始，不断演进，在前进中提高人类认识自然、改造自然的能力。科学技术的发展历程总是与人类自身进化的进程相吻合。通过模拟和延长人体器官的功能，最终达到技术的进步。

3. 信息技术发展的前景为人机共生

技术是人类创造出来的，机器是技术物化的成果。随着技术的进步，机器的功能越来越强大，在某些方面远远超过了人。通过这些机器，人类认识世界和改造世界的能力越来越强，尤其是自动化技术、信息技术和生物技术的飞速发展，使得用机器运转全面取代人的躯体活动、用电脑取代人脑、用人工智能取代人脑智能、用各种人造物全面取代人的身体等越来越从理想走入现实。人类不断利用"技术物"来超越自身，使自身从劳动的"苦役"中解放出来。然而，这种"技术化生存"方式在减轻人的负重的同时，也导致了人的物化以及人对技术和技术物的依赖性。有人认为，在科技加速发展、人的物化加速强化的将来，人将被改造成物，变成生产和消费过程的附属品，人与物的界限将不再存在，人将失去自身的本质，在物化中被消解掉。

然而，机器毕竟是机器，无论它如何发展，其智力都源自人。没有人的高级智慧活动，机器本身是做不出任何创造性劳动的。因此，人与机器的关系应该是共生的。一方面，人离不开机器，需要利用机器拓展自己的生存范围；另一方面，机器不能离开人的智慧去独立发展。在两者的关系中，人以认识和实践的能动性而居于主导地位。科学技术作为自然科学的内容与产物，通常它只具备工具理性，而不具备人文科学所具备的价值理性。因此，科学技术掌握在具有不同价值观念的人手中，其社会效应是截然不同的。在未来人机关系中，人类能否居于主动地位，还取决于社会价值理念的标准与倾向。

（二）信息技术的功能

信息化是当今世界经济和社会发展的大趋势。为了迎接世界信息技术迅猛发展的挑战，世界各国都把发展信息技术作为 21 世纪社会和经济发展的一项重大战略目标，加快发展本国的信息技术产业，争抢经济发展的制高点。那么，作为一个信息时代的个体，我们应该对信息技术的功能有较为清楚的认识。只有这样，才能真正地适应信息时代。下面我们将从本体功能方面来分析信息技术的功能特征。对信息技术本体功能的认识可以有很多视角。如果从延伸人类感觉器官和认知器官的角度来分析信息技术的本体功能，那么，信息技术的本体功能主要表现在对信息的采集、传递、存储和处理等方面。

1. 信息技术具有扩展人类采集信息的功能

人类可以通过各种方式采集信息，最直接的方式是用眼睛看、用鼻子闻、用耳朵听、用舌头尝。另外，我们还可以借助各种工具获取更多的信息。例如，用望远镜我们可以看得更远，用显微镜可以观察微观世界。现代信息技术的迅速发展，尤其是传感技术和网络技术的迅速发展，极大地突破了人类难以突破的时间和空间的限制，弥补了采集信息的不足，扩展了人类采集信息的功能。

2. 信息技术具有扩展人类传递信息的功能

信息的载体千百年来几乎没有变化，主要的载体依旧是声音、文字和图像，但是信息传递的媒介却经历了多次大的革命。从书报杂志到邮政电信、广播电视、卫星通信、国际互联网络等现代通信技术的出现，每一次进步都极大地改变了人类的社会生活，特别是人类的时空概念。计算机网络的出现，特别是国际互联网的出现，使得跨越时间、跨越国界和跨越文化的信息交往成为可能，这在很大程度上扩展了人类传递信息的功能。

3. 信息技术具有扩展人类存储信息的功能

教育领域中曾流行"仓库理论"，认为大脑是存储事实的仓库，教育就是用知识去填满仓库。学生知道的事实越多，搜集的知识越多，就越有学问。因此"仓库理论"十分重视记忆，认为记忆是存储信息和积累知识的最佳方法。但是在信息社会里，信息总量迅速膨胀，如此多的信息光靠记忆显然是不可能的。现代信息技术为信息存储提供了非常有效的方式，例如微技术，计算机软盘、硬盘、光盘以及存储于互联网各个终端的各种信息资源。这样就有效地减轻了人类的记忆负担，同时也扩展了人类存储信息的功能。

4. 信息技术具有扩展人类处理信息的功能

人们用眼睛、耳朵、鼻子、手等器官就能直接获取外界的各种信息，经过大脑的分析、归纳、综合、比较、判断等处理后，能产生有价值的信息。但是在很多时候，有很多复杂的信息需要处理。例如，一些繁杂的航天、军事数据等，如果仅用人工处理是需要耗费非常大的精力的。这就需要一些现代的辅助工具，如计算机技术。在计算机被发明以后，人们将处理大量繁杂信息的工作交给计算机来完成，用计算机帮助我们收集、存储、加工、传递各种信息，效率大为提高，极大地扩展了人类处理信息的功能。

由此，我们可以简单概括：传感技术具有延长人的感觉器官来收集信息的功能；通信技术具有延长人的神经系统传递信息的功能；计算机技术具有延长人的思维器官处理信息和决策的功能；缩微技术具有延长人的记忆器官存贮信息的功能。当然，对信息技术本体功能的这种认识是相对的、大致的，因为在传感系统里也有信息的处理和收集，而计算机系统里既有信息传递过程，也有信息收集的过程。

（三）信息技术的好处

1. 信息技术增加了政治的开放性和透明度

一方面，信息化、网络化使人们更加容易利用信息技术，人们通过互联网获取广泛的信息并主动参与国家的政治生活；另一方面，各级政府部门不断深入发展电子政务工程，政务信息的公开增加了行政的透明度，加强了政府与民众的互动。此外，各级政府部门之间的资源共享增强了各部门的协调能力，从而提高了工作效率。政府通过其电子政务平台开展的各种信息服务，为人们提供了极大的方便。

2. 信息技术促进了世界经济的发展

信息技术促进了世界经济的发展，主要体现在以下几点：①信息技术推出了一个新兴的行业——互联网行业。②信息技术使得人们的生产、科研能力获得极大提高。通过互联网，任何个人、团体和组织都可以获得大量的生产经营以及研发等方面的信息，使生产力得到进一步的提高。③基于互联网的电子商务模式使得企业产品的营销与售后服务等都可以通过网络进行，企业与上游供货商、零部件生产商以及分销商之间也可以通过电子商务实现各种交互。这不仅是一种速度方面的突飞猛进，更是一种无地域界线、无时间约束的崭新形式。④传统行业为了适应互联网发展的要求，纷纷在网上提供各种服务。

3. 信息技术的发展造就了多元文化并存的状态

信息技术的发展造就了多元文化并存的状态，主要体现在以下几点：①网络媒体开始出现并逐渐成为"第四媒体"。互联网同时具备有利于文字传播和有利于图像传播的特点，因此能够促成精英文化和大众文化并存的局面。②互联网与其他传播媒体的一个主要区别是传播权利的普及，因此有"平民兴办媒体"之说。③互联网造就了一种新的文化模式——网络文化。基于各种通过网络进行的传播和交流，它已经逐渐拥有了一些专门的语言符号、文字符号，形成了自己的特色。

4. 信息技术改善了人们的生活

信息技术使人们的生活更加便利，远程教育也成为现实。虚拟现实技术使人们可以通过互联网尽情游览缤纷的世界。

5.信息技术推动信息管理进入崭新的阶段

信息技术作为扩展人类信息功能的技术集合，对信息管理的作用十分重要，是信息管理的技术基础。信息技术的进步使信息管理的手段逐渐从手工方式向自动化、网络化、智能化的方向发展，使人们能全面、快速而准确地查找所需信息，更快速地传递多媒体信息，从而更有效地利用和开发信息资源。

二、信息技术发展与应用

（一）计算机信息技术的应用

1.计算机数据库技术在信息管理中的应用

随着现代化信息技术发展水平的不断提升，数据库技术成为新型发展技术的代表。其运用优势主要体现在以下几个方面：①可以在短时间内完成对大量数据的收集工作。②实现对数据的整理和存储。③利用计算机对相关有效数据进行分析和汇总。在市场竞争激烈的背景下，其应用范围得到不断拓展。应用计算机数据库技术需要注意以下几点：

（1）掌握数据库的发展规律

在数据发展体系的运行背景下，数据分布带有很强的规律性。换言之，虽然数据的来源和组织形式存在很大的不同，但是在经过有效整合之后，会表现出很多相同点，从而可以找到最佳排序方法。

（2）计算机数据库技术具有公用性

数据只有在半开放的条件下才能发挥出应有的价值。数据库建立初始阶段，需要用户注册信息，并设置独立的账户密码，从而实现对信息的有效浏览。

（3）计算机数据库技术具有孤立性

虽然在大多数情况下数据库技术都会联合其他技术共同完成任务，但是数据库技术并不会因此受到任何影响，也就是说数据库技术的软、硬件系统不会与其他技术发生冲突，逻辑结构也不会因此改变。

2.计算机网络安全技术的应用

计算机网络安全技术的应用主要有以下方面：

（1）计算机网络的安全认证技术

利用先进的计算机网络发展系统，可以对经过合法注册的用户信息做好安全认证，这样可以从根本上避免非法用户窃取合法用户的有效信息进行非法活动。

（2）数据加密技术

加密技术的最高层次就在于打乱系统内部有效信息，保证未经授权的用户无法看懂信息内容，可以有效保护重要的机密信息。

（3）防火墙技术

无论是哪种网络发展系统，安装防护墙都是必要的，其最主要的作用在于有效辅助计算机系统屏蔽垃圾信息。

（4）入侵检测系统

安装入侵检测系统的主要目的是保证可以及时发现系统中的异常信息，实施安全风险防护措施。

3. 办公自动化中计算机信息处理技术的应用

在企业的发展中，需要建立完善的办公信息平台发展体系，可以实现企业内部的有效交流和资源共享，可以最大限度地帮助企业提升工作效率，保证发展的稳定性，可以在激烈的市场竞争中获得生存发展的空间。其中，文字处理技术是企业办公自动化体系的重要构成因素。科学合理地运用智能化文字处理技术，可以保证文字编辑工作不断朝着智能化、快捷化方向发展，利用 WPS、WORD 等办公软件，可以提升办公信息排版及编辑水平，为企业创造一个高效的办公环境。数据处理技术的发展要点在于，需要对数据处理软件进行优化升级。通过对数字表格的应用，实现企业整体办公效率的提高，有利于提升数据库管理系统的工作效率。

4. 通过语音识别技术获取重要家庭信息

我国已进入老龄化发展阶段，年轻人因为生活压力一般都会在外打拼，所以会出现空巢老人，他们常常觉得内心孤独。此时，可以有效利用计算机信息技术的语音功能，与老人进行日常交流，还可以记录老人想对子女说的话，方便沟通。

（二）计算机信息技术发展方向

1. 应用多媒体技术

在计算机信息系统管理过程中，有效融入多媒体管理技术，可以保证项目任务的有效完成。众所周知，不同的工程项目都有其自身发展的独特性。在使用多媒体技术进行处理的过程中，难免会出现一些问题，使得用户无法继续接下来的操作。因此，为了从根本上减少项目的问题，就需要结合计算机和新媒体技术，完成相应的开发和互相融合工作。

2. 应用网络技术

每一个发展中的企业都需要完善内部的相应管理体系。但是在实际工作中，不同的企业的具体运营状况存在很大的不同。如果要及时有效地解决一些对企业发展影响重大的问题，就应建立与完善相关的信息发展平台，在内部实现信息共享。企业信息技术部门还要带头组建网络管理群，保证企业高层通过网络数据了解到员工的切实需要和企业运作发展状况，为实现企业的可持续发展打下坚实基础。

3. 微型化、智能化

在现代化的发展进程中，由于生活节奏不断加快，需要不断完善社会建设功能，特别是在当今信息传播如此之快的发展时期，为了迎合大多数人的发展需要，计算机信息技术的应用应不断朝智能化和微型化方向转变。人们就可以在各种微小型的设备上随时随地获得想要了解的信息，完善智能发展要点，并将其应用于工作与学习中，提升发展效率，满足人们的不同发展需要。

4. 人性化

随着工业革命的完成，规范化生产模式被实现，计算机信息技术成为辅助人类进行生产与生活的重要组成部分，就像人们接受手机、电脑一样，智能计算机信息技术同样会受到广泛欢迎。相较于现阶段，其应用领域未来将会无限扩大，大到航天航空领域，小到家庭生活，都将运用计算机管家。而且，计算机信息技术会不断向多元化方向发展，民用化带来的突出变化在于计算机信息技术将会和日常商品一样，可供众多家庭选择。

5. 人机交互

在现阶段的发展过程中，已开始出现人机交互的发展模式，像有些公司推出的语音助手，可以帮助人们有效解决实际存在的问题，不仅应用起来很简单，而且系统可以清晰地展示出人机交互的逻辑思维，可以根据人的情感变化作出反应，这看似相互独立的个体，将会在未来有机结合在一起，人机教育也将成为未来发展的一大趋势。

随着社会经济的不断发展，科学技术研究领域日益完善，在当今各项科研成果日益丰硕的时代，这在一定程度上加快了计算机产品更新换代的速度，而且计算机信息技术包含的范围与涉及的知识要点很多。因此，研发的脚步不能停止，必须不断挖掘其使用潜能，以保证人们的生活质量得到有效提升。在未来社会，人们对科技的需求会越来越多，因此，必须投入大量的人力、物力、财力，以推动相关部门的研究工作。

第二章　人工智能基础及应用

第一节　人工智能的概念

人工智能（Artificial Intelligence，AI）是当前科学技术发展中的一门前沿学科，同时也是一门新思想、新观念、新理论、新技术不断出现的新兴学科以及正在迅速发展的学科。它是在计算机科学、控制论、信息论、神经心理学、哲学、语言学等多种学科研究的基础上发展起来的，因此又可把它看作是一门综合性的边缘学科。它的出现及所取得的成就引起了人们的高度重视，并得到了很高的评价。有的人把它与空间技术、原子能技术一起誉为 20 世纪的三大科学技术成就；有的人把它称为继前三次工业革命后的又一次革命，并称前三次工业革命主要是延长了人手的功能，把人类从繁重的体力劳动中解放出来，而人工智能则是延伸人脑的功能，实现脑力劳动的自动化。

一、智能

什么是智能？智能的本质是什么？这是古今中外许多哲学家、脑科学家一直在努力探索和研究的问题，但至今仍然没有完全解决，以致被列为自然界四大奥秘（物质的本质、宇宙的起源、生命的本质、智能的发生）之一。近些年来，随着脑科学、神经心理学等研究的进展，人类对人脑的结构和功能积累了一些初步认识，但对整个神经系统的内部结构和作用机制，特别是脑的功能原理还没有完全搞清楚，有待进一步探索。在此情况下，要从本质上对智能给出一个精确的、可被公认的定义显然是不现实的。目前，人们大多是把对人脑的已有认识与智能的外在表现结合起来，从不同的角度、不同的侧面，用不同的方法来对智能进行研究的，提出的观点亦不相同。其中影响较大的主要有思维理论、知识阈值理论及进化理论等。

思维理论来自认知科学。认知科学又称为思维科学，是研究人们认识客观世界的规律和方法的一门科学，其目的在于揭开大脑思维功能的奥秘。该理论认为智能的核心是思维，人的一切智慧或智能都来自大脑的思维活动，人类的一切知识都是人们思维的产物，因而通过对思维规律与方法研究可望揭示智能的本质。

知识阈值理论着重强调知识对于智能的重要意义和作用，认为智能行为取决于知识的数量及其一般化的程度，一个系统之所以有智能是因为它具有可运用的知识。在此认识的基础上，把智能定义为：智能就是在巨大的搜索空间中迅速找到一个满意解的能力。这一理论在人工智能的发展史中有着重要的影响，知识工程、专家系统等都是在这一理论的影响下发展起来的。

进化理论是由美国麻省理工学院（MIT）的布鲁克（R.A.Brook）教授提出来的。1991年他提出了"没有表达的智能"，1992年又提出了"没有推理的智能"，这是他根据自己对人造机器动物的研究与实践提出的与众不同的观点。该理论认为人的本质能力是在动态环境中的行走能力、对外界事物的感知能力、维持生命和繁衍生息的能力，正是这些能力对智能的发展提供了基础，因此智能是某种复杂系统所浮现的性质。它是由许多部件交互作用产生的，智能仅仅由系统总的行为以及行为与环境的联系所决定，它可以在没有明显的可操作的内部表达的情况下产生，也可以在没有明显的推理系统出现的情况下产生。该理论的核心是用控制取代表示，从而取消概念、模型及显式表示的知识，否定抽象对于智能及智能模拟的必要性，强调分层结构对于智能进化的可能性与必要性。目前这一观点尚未形成完整的理论体系，有待进一步研究，但由于它与人们的传统看法完全不同，因而引起了人工智能界的注意。

综合上述各种观点，可以认为智能是知识与智力的总和。其中，知识是一切智能行为的基础，而智力是获取知识并运用知识求解问题的能力，即在任意给定的环境和目标的条件下，正确制定决策和实现目标的能力，它来自人脑的思维活动。具体地说，智能具有下述特征：

（一）具有感知能力

感知能力是指人们通过视觉、听觉、触觉、味觉、嗅觉等感觉器官感知外部世界的能力。感知是人类最基本的生理、心理现象，是获取外部信息的基本途径，人类的大部分知识都是通过感知获取有关信息，然后经过大脑加工获得的。可以说，如果没有感知，人们就不可能获得知识，也不可能引发各种各样的智能活动。因此，感知是产生智能活动的前提与必要条件。

在人类的各种感知方式中，它们所起的作用是不完全一样的。据有关研究，80%以上的外界信息是通过视觉得到的，有10%是通过听觉得到的，这表明视觉与听觉在人类感知中占有主导地位。这就提示我们，在人工智能的机器感知方面，主要应加强机器视觉及机器听觉的研究。

（二）具有记忆与思维的能力

记忆与思维是人脑最重要的功能，亦是人们之所以有智能的根本原因。记忆用于存储由感觉器官感知到的外部信息以及由思维所产生的知识；思维用于对记忆的信息进行处理，即利用已有的知识对信息进行分析、计算、比较、判断、推理、联想、决策等。思维是一个动态过程，是获取知识以及运用知识求解问题的根本途径。

思维可分为逻辑思维、形象思维以及在潜意识激发下获得灵感而"忽然开窍"的顿悟思维等。其中，逻辑思维与形象思维是两种基本的思维方式。

逻辑思维又称为抽象思维，是一种根据逻辑规则对信息进行处理的理性思维方式，反映了人们以抽象的、间接的、概括的方式认识客观世界的过程。在此过程中，人们首先通过感觉器官获得对外部事物的感性认识，经过初步概括、知觉定势等形成关于相应事物的信息，存储于大脑中，供逻辑思维进行处理。然后，通过匹配选出相应的逻辑规则，并且作用于已经表示成一定形式的已知信息，进行相应的逻辑推理（演绎）。通常情况下，这种推理都比较复杂，不可能只用一条规则做一次推理就可解决问题，往往要对第一次推出的结果再运用新的规则进行新一轮的推理，等等。至于推理是否会获得成功，这取决于两个因素，一是用于推理的规则是否完备，另一是已知的信息是否完善、可靠。如果推理规则是完备的，由感性认识获得的初始信息是完善、可靠的，则由逻辑思维可以得到合理、可靠的结论。逻辑思维具有如下特点：

（1）依靠逻辑进行思维。

（2）思维过程是串行的，表现为一个线性过程。

（3）容易形式化，其思维过程可以用符号串表达出来。

（4）思维过程具有严密性、可靠性，能对事物未来的发展给出逻辑上合理的预测，可使人们对事物的认识不断深化。

形象思维又称为直感思维，是一种以客观现象为思维对象、以感性形象认识为思维材料、以意象为主要思维工具、以指导创造物化形象的实践为主要目的的思维活动。在思维过程中，它有两次飞跃，首先是从感性形象认识到理性形象认识的飞跃，即把对事物的感觉组合起来，形成反映事物多方面属性的整体性认识（即知觉），再在知觉的基础上形成具有一定概括性的感觉反映形式（即表象），然后经形象分析、形象比较、形象概括及组合形成对事物的理性形象认识。思维过程的第二次飞跃是从理性形象认识到实践的飞跃，即对理性形象认识进行联想、想象等加工，在大脑中形成新意象，然后回到实践中，接受实践的检验。这个过程不断循环，就构成了形象思维从低级到高级的运动发展。形象思维具有如下特点：

（1）主要是依据直觉，即感觉形象进行思维。

（2）思维过程是并行协同式的，表现为一个非线性过程。

（3）形式化困难，没有统一的形象联系规则，对象不同、场合不同，形象的联系规则亦不相同，不能直接套用。

（4）在信息变形或缺少的情况下仍有可能得到比较满意的结果。

由于逻辑思维与形象思维分别具有不同的特点，因而可分别用于不同的场合。当要求迅速做出决策而不要求十分精确时，可用形象思维，但当要求进行严格的论证时，就必须用逻辑思维；当要对一个问题进行假设、猜想时，需用形象思维，而当要对这些假设或猜想进行论证时，则要用逻辑思维。人们在求解问题时，通常把这两种思维方式结合起来使用，首先用形象思维给出假设，然后再用逻辑思维进行论证。

顿悟思维又称为灵感思维，它是一种显意识与潜意识相互作用的思维方式。在工作及日常生活中，我们都有过这样的体验：当遇到一个问题无法解决时，大脑就会处于一种极为活跃的思维状态，从不同角度用不同方法去寻求问题的解决方法，即所谓的"冥思苦想"。突然间，有一个"想法"从脑中涌现出来，它沟通了解决问题的有关知识，使人"顿开茅塞"，问题迎刃而解。像这样用于沟通有关知识或信息的"想法"通常被称为灵感。灵感也是一种信息，它可能是与问题直接有关的一个重要信息，也可能是一个与问题并不直接相关、且不起眼的信息，只是它的到来"捅破了一层薄薄的窗纸"，使解决问题的智慧被启动起来。顿悟思维具有如下特点：

（1）具有不定期的突发性。

（2）具有非线性的独创性及模糊性。

（3）它穿插于形象思维与逻辑思维之中，起着突破、创新、升华的作用。它比形象思维更复杂，至今人们还不能确切地描述灵感的具体实现以及它产生的机理。

最后还应该指出的是，人的记忆与思维是不可分的，它们总是相随相伴的，其物质基础都是由神经元组成的大脑皮质，通过相关神经元此起彼伏地兴奋与抑制实现记忆与思维活动。

（三）具有学习能力及自适应能力

学习是人的本能，每个人都在随时随地地进行着学习，既可能是自觉的、有意识的，也可能是不自觉的、无意识的；既可以是有教师指导的，也可以是通过自己实践的。总之，人人都在通过与环境的相互作用，不断地进行着学习，并通过学习积累知识、增长才干，适应环境的变化，充实、完善自己。只是由于各人所处的环境不同、条件不同，学习的效果亦不相同，体现出不同的智能差异。

（四）具有行为能力

人们通常用语言或者某个表情、眼神及形体动作来对外界的刺激作出反应，传达某个信息，这称为行为能力或表达能力。如果把人们的感知能力看作是用于信息的输入，则行为能力就是用作信息的输出，它们都受到神经系统的控制。

二、人工智能

顾名思义，所谓人工智能就是用人工的方法在机器（计算机）上实现的智能；或者说是人类智能在机器上的模拟；或者说是人们使机器具有类似于人的智能的智能。由于人工智能是在机器上实现的，因此又可称之为机器智能。又由于机器智能是模拟人类智能的，因此又可称它为模拟智能。

现在，"人工智能"这个术语已被用作"研究如何在机器上实现人类智能"这门学科的名称。从这个意义上说，可把它定义为：人工智能是一门研究如何构造智能机器（智能计算机）或智能系统，使它能模拟、延伸、扩展人类智能的学科。通俗地说，人工智能就是要研究如何使机器具有能听、会说、能看、会写、能思维、会学习、能适应环境变化、能解决各种面临的实际问题等功能的一门学科。总之，它是要使机器能做需要人类智能才能完成的工作，甚至比人更高明。

关于"人工智能"的含义，早在它还没有正式作为一门学科出现之前，就由英国数学家图灵（A.M.Turing，1912—1954）这位超时代的天才提了出来。1950 年他发表了题为计算机与智能（Computing Machinery and Intelligence）的论文，文章以"机器能思维吗？"开始论述并提出了著名的"图灵测试"，形象地指出了什么是人工智能以及机器应该达到的智能标准，现在许多人仍把它作为衡量机器智能的准则。尽管学术界目前存在着不同的看法，但它对人工智能这门学科的发展所产生的深远影响却是功不可没的。图灵在这篇论文中指出不要问一个机器是否能思维，而是要看它能否通过如下测试：分别让人与机器位于两个房间里，他们可以通话，但彼此都看不到对方，如果通过对话，作为人的一方不能分辨对方是人还是机器，那么就可认为对方的那台机器达到了人类智能的水平。为了进行这个测试，图灵还用他丰富的想象力设计了一个很有趣且智能性很强的对话内容，称为"图灵的梦想"。

要使机器达到人类智能的水平，或者如有些学者所说的那样超过人类智能的水平，该是一件多么艰巨的工作。但是，人工智能的研究正在朝着这个方向前进着，图灵的梦想总有一天会变成现实。

若以图灵的标准来衡量本段开始时所提到的"深蓝"计算机，它当然还不是一台智能计算机，连开发该计算机系统的 IBM 专家也承认它离智能计算机还相差甚远，但它毕竟以自己高速并行的计算能力（2×108 步／s 棋的计算速度）实现了人类智能在机器上的部分模拟，在人工智能的研究道路上迈出了可喜的一步。

三、人工智能的发展简史

"人工智能"是在 1956 年作为一门新兴学科的名称正式提出的。自此之后，它取得了惊人的成就，获得了迅速的发展。毫无疑问，现在它已经成为人类科学技术中一门充满生机和希望的前沿学科。回顾它的发展历史，可归结为孕育、形成、发展三个阶段。

（一）孕育（1956 年之前）

人工智能之所以能取得今日的成就，以一门充满活力且备受世人瞩目的学科屹立于世界高科技之林，是与几代科学技术工作者长期坚持不懈努力分不开的，是各有关学科共同发展的结果。

自古以来，人们就一直试图用各种机器来代替人的部分脑力劳动，以提高征服自然的能力。其中对人工智能的产生、发展有重大影响的主要研究及其贡献有：

（1）早在公元前，伟大的哲学家亚里士多德（Aristotle）就在他的名著《工具论》中提出了形式逻辑的一些主要定律，他提出的三段论至今仍是演绎推理的基本依据。

（2）英国哲学家培根（F.Bacon）曾系统地提出了归纳法，还提出了"知识就是力量"的警句，这对于研究人类的思维过程，以及自20世纪70年代人工智能转向以知识为中心的研究都产生了重要影响。

（3）德国数学家莱布尼茨（G.Leibniz）提出了万能符号和推理计算的思想，他认为可以建立一种通用的符号语言以及在此符号语言上进行推理的演算。这一思想不仅为数理逻辑的产生和发展奠定了基础，而且是现代机器思维设计思想的萌芽。

（4）英国逻辑学家布尔（G.Boole）创立了布尔代数，他在《思维法则》一书中首次用符号语言描述了思维活动的基本推理法则。

（5）英国数学家图灵对人工智能的贡献在前面已经提及，还值得一提的是，他在1936年提出了一种理想计算机的数学模型，即图灵机，这为后来电子数字计算机的问世奠定了理论基础。

（6）美国神经生理学家麦克洛奇（W.McCulloch）与匹兹（W.Pitts）在1943年建成了第一个神经网络模型（M-P模型），开创了微观人工智能的研究工作，为后来人工神经网络的研究奠定了基础。

（7）美国数学家莫克利（J.W.Mauchly）和埃柯特（J.P.Eckert）在1946年研制出了世界上第一台电子数字计算机ENIAC，这项划时代的研究成果为人工智能的研究奠定了物质基础。

由上面的叙述不难看出，人工智能的产生和发展绝不是偶然的，它是科学技术发展的必然产物，是历史赋予科学工作者的一项光荣而艰巨的使命，客观上的条件已经基本具备，何时出现只是一个时间以及由谁来领头倡导的问题。

（二）形成（1956—1969）

1956年夏季，由麻省理工学院的麦卡锡（J.McCarthy）与明斯基（M.L.Minsky）、IBM公司信息研究中心的洛切斯特（N.Lochester）、贝尔实验室的香农（C.E.Shannon）共同发起，邀请IBM公司的莫尔（T.More）和塞缪尔（A.L.Samuel）、麻省理工学院的塞尔夫里奇（O.Selfridge）和索罗门夫（R.Solomonff）以及兰德公司和卡内基·梅隆大学的纽厄尔（A.Newell）、西蒙（H.A.Simon）等10人在达特莫斯（Dartmouth）大学召开了一次研讨会，讨论关于机器智能的有关问题，历时两个月。会上经麦卡锡提议正式采用了"人工智能"这一术语，用它来代表有关机器智能这一研究方向。这是一次具有历史意义的重要会议，它标志着人工智能作为一门新兴学科正式诞生了。

自这次会议之后的 10 多年间，人工智能的研究取得了许多引人瞩目的成就，例如：

（1）在机器学习方面，塞缪尔于 1956 年研制出了跳棋程序。这个程序能从棋谱中学习，也能从下棋实践中提高棋艺，1959 年它击败了塞缪尔本人，1962 年又击败了一个州的冠军。

（2）在定理证明方面，美籍华人数理逻辑学家王浩于 1958 年在 IBM-704 计算机上用 3 ~ 5min 证明了《数学原理》中有关命题演算的全部定理（220 条），并且还证明了谓词演算中 150 条定理的 85%；1965 年鲁宾逊（Robinson）提出了消解原理，为定理的机器证明做出了突破性的贡献。

（3）在模式识别方面，1959 年塞尔夫里奇推出了一个模式识别程序；1965 年罗伯特（Roberts）编制出了可分辨积木构造的程序。

（4）在问题求解方面，1960 年纽厄尔等人通过心理学试验总结出了人们求解问题的思维规律，编制了通用问题求解程序 GPS，可以用来求解 11 种不同类型的问题。

（5）在专家系统方面，美国斯坦福大学的费根鲍姆（E.A.Feigenbaum）自 1965 年开始在他领导的研究小组内开展专家系统 DENDRAL 的研究，1968 年完成并投入使用。该专家系统能根据质谱仪的实验，通过分析推理决定化合物的分子结构，其分析能力已接近甚至超过有关化学专家的水平，在美英等国得到了实际应用。该专家系统的研制成功不仅为人们提供了一个实用的智能系统，而且对知识表示、存储、获取、推理及利用等技术来说是一次非常有益的探索，为以后专家系统的建造树立了榜样，对人工智能的发展产生了深刻的影响，其意义远远超出了系统本身在实用上所创造的价值。

（6）在人工智能语言方面，1960 年麦卡锡研制出了人工智能语言 LISP，该语言至今仍然是建造智能系统的重要工具。

除此之外，在其他方面也取得了很多研究成果，这里就不再一一列举了。在这一时期发生的一个重大事件是 1969 年成立了国际人工智能联合会议（International Joint Conferences On Artificial Intelligence，简称 IJCAI），这是人工智能发展史上的一个重要里程碑，它标志着人工智能这门新兴学科已经得到了世界的肯定。

（三）发展（1970 年至今）

进入 20 世纪 70 年代后，人工智能的研究已不仅仅局限于少数几个国家，许多国家都相继开展了这方面的研究工作，研究成果大量涌现。例如，1972 年法国马赛大学的科麦瑞尔（A.Comerauer）提出并实现了逻辑程序设计语言 PROLOG；斯坦福大学的肖特里菲（E.H.Shortliffe）等人从 1972 年开始研制用于诊断和治疗感染性疾病的专家系统 MYCIN。更值得一提的是，1970 年创办了国际性的人工智能杂志（Artificial Intelligence），它对推动人工智能的发展、促进研究者们的交流起到了重要作用。

但是，前进的道路并不是平坦的，对于一个刚刚问世 10 多年的新兴学科来说更是这样。正当研究者们在已有成就的基础上向更高标准攀登的时候，困难与问题也接踵而来。例如，当把"光阴似箭"的英语句子"Time flies like an arrow"翻译成日语，然后再翻译回来的时候，竟变成了"苍蝇喜欢箭"；当把"心有余而力不足"的英语句子"The spirit is willing but the flesh is weak"翻译成俄语，然后再翻译回来时，竟变成了"The wine is good but the meat is spoiled"，即"酒是好的，但肉变质了"。在问题求解方面，过去研究的多是良结构的问题，但现实世界中的问题大多是不良结构的，如果仍用过去的方法进行研究就会产生组合爆炸。在其他方面，如神经网络、机器学习等也都遇到了这样或者那样的困难。在此情况下，本来就对人工智能持怀疑态度的人开始对它进行指责，说人工智能是"骗局""庸人自扰"，有些国家还削减了人工智能的研究经费，使人工智能的研究一时陷入了困境。

然而，人工智能研究的先驱者们在困难和挫折面前并没有退缩，没有动摇继续进行研究的决心。经过认真的反思、总结前一段研究的经验及教训，费根鲍姆关于以知识为中心开展人工智能研究的观点被大多数人接受。从此，人工智能的研究又迎来了蓬勃发展的新时期，即以知识为中心的时期。

自人工智能从对一般思维规律的探讨转向以知识为中心的研究以来，专家系统的研究在多种领域中都取得了重大突破，各种不同功能、不同类型的专家系统如雨后春笋般地建立起来，产生了巨大的经济效益及社会效益，令人刮目相看。

专家系统的成功，使人们越来越清楚地认识到知识是智能的基础，对人工智能的研究必须以知识为中心来进行。由于对知识的表示、利用、获取等的研究取得了较大的进展，特别是对不确定性知识的表示与推理取得了突破，建立了主观 Bayes 理论、确定性理论、证据理论、可能性理论等，这就对人工智能中其他领域（如模式识别、自然语言理解等）的发展提供了支持，解决了许多理论及技术上的问题。

第二节　人工智能的研究内容

一、人工智能的研究目标

人工智能研究的目标是构造可实现人类智能的智能计算机或智能系统。它们都是为了"使得计算机有智能"，为了实现这一目标，就必须开展"使智能成为可能的原理"的研究。

研制像图灵所期望那样的智能机器，使它不仅能模拟而且可以延伸、扩展人的智能，是人工智能研究的根本目标。为实现这个目标，就必须彻底搞清楚使智能成为可能的原理，同时还需要相应硬件及软件的密切配合，这涉及脑科学、认知科学、计算机科学、系统科学、控制论、微电子学等多种学科，依赖于它们的协同发展。但是，这些学科的发展目前还没有达到所要求的水平。就以目前使用的计算机来说，其体系结构是集中式的，工作方式是串行的，基本元件是二态逻辑，而且刚性连接的硬件与软件是分离的，这就与人类智能中分布式的体系结构、串行与并行共存且以并行为主的工作方式、非确定性的多态逻辑等不相适应。正如图灵奖获得者威尔克斯（M.V.Wilkes）在评述人工智能研究的历史与展望时所说的那样：图灵意义下的智能行为超出了电子数字计算机所能处理的范围。由此不难看出，像图灵所期望那样的智能机器在目前还是难以实现的。因此，可把构造智能计算机作为人工智能研究的远期目标。

人工智能研究的近期目标是使现有的电子数字计算机更聪明、更有用，使它不仅能做一般的数值计算及非数值信息的数据处理，而且能运用知识处理问题，能模拟人类的部分智能行为。针对这一目标，人们就要根据现有计算机的特点研究实现智能的有关理论、技术和方法，建立相应的智能系统。例如，目前研究开发的专家系统、机器翻译系统、模式识别系统、机器学习系统、机器人等。

人工智能研究的远期目标与近期目标是相辅相成的。远期目标为近期目标指明了方向，而近期目标的研究则为远期目标的最终实现奠定了基础，做好了理论及技术上的准备。另外，近期目标的研究成果不仅可以造福当代社会，还可进一步增强人们对实现远期目标的信心，消除疑虑。人工智能的创始人麦卡锡曾经告诫说："我们正处在一个让人们认为是魔术师的局面，我们不能忽视这种危险。"这大概也是为了强调近期研究目标的重要性，希望以更多的研究成果证明人工智能是可以实现的，它不是虚幻的。

最后还应该指出的是，近期目标与远期目标之间并无严格的界限。随着人工智能研究的不断深入、发展，近期目标将不断变化，逐步向远期目标靠近，近年来在人工智能各个领域中所取得的成就充分说明了这一点。

二、人工智能研究的基本内容

在人工智能的研究中有许多学派，例如，以麦卡锡与尼尔逊（N.J.Nilsson）为代表的逻辑学派（研究基于逻辑的知识表示及推理机制）；以纽厄尔和西蒙为代表的认知学派（研究对人类认知功能的模拟，试图找出产生智能行为的原理）；以费根鲍姆为代表的知识工程学派（研究知识在人类智能中的作用与地位，提出了知识工程的概念）；以麦克莱伦德（J.L.McClelland）和鲁梅尔哈特（J.D.Rumelhart）为代表的连接学派（研究神经网络）；以贺威特（C.Hewitt）为代表的分布式学派（研究多智能系统中的知识与行为）以及以布鲁克为代表的进化论学派等。不同学派的研究内容与研究方法都不相同。另外，人工智能又有多种研究领域，各个研究领域的研究重点亦不相同。再者，在人工智能的不同发展阶段，研究的侧重面也有区别，本来是研究重点的内容一旦理论上及技术上的问题都得到了解决，就不再成为研究内容。因此，我们只能在较大的范围内讨论人工智能的基本研究内容。对照上一节关于"智能"的讨论，结合人工智能的远期目标，人工智能的基本研究内容应包括以下几个方面：

（一）机器感知

所谓机器感知就是使机器（计算机）具有类似于人的感知能力，其中以机器视觉与机器听觉为主。机器视觉是让机器能够识别并理解文字、图像、物景等；机器听觉是让机器能识别并理解语言、声响等。

机器感知是机器获取外部信息的基本途径，是使机器具有智能不可缺少的组成部分，正如人的智能离不开感知一样，为了使机器具有感知能力，就需要为它配置上能"听"、会"看"的感觉器官，对此人工智能中已经形成了两个专门的研究领域，即模式识别与自然语言理解。

（二）机器思维

所谓机器思维是指对通过感知得来的外部信息及机器内部的各种工作信息进行有目的的处理。正像人的智能是来自大脑的思维活动一样。机器智能也主要是通过机器思维实现的。因此，机器思维是人工智能研究中最重要、最关键的部分。为了使机器能模拟人类的思维活动，使它能像人那样既可以进行逻辑思维，又可以进行形象思维，需要开展以下几方面的研究工作：

（1）知识的表示，特别是各种不精确、不完全知识的表示。

（2）知识的组织、累积、管理技术。

（3）知识的推理，特别是各种不精确推理、归纳推理、非单调推理、定性推理等。

（4）各种启发式搜索及控制策略。

（5）神经网络、人脑的结构及其工作原理。

（三）机器学习

人类具有获取新知识、学习新技巧，并在实践中不断完善、改进的能力，机器学习就是要使计算机具有这种能力，使它能自动地获取知识，能直接向书本学习，能通过与人谈话学习，能通过对环境的观察学习，并在实践中实现自我完善，克服人们在学习中存在的局限性，例如容易忘记、效率低以及注意力分散等。

（四）机器行为

与人的行为能力相对应，机器行为主要是指计算机的表达能力，即"说""写""画"等。对于智能机器人，它还应具有人的四肢功能，即能走路、能取物、能操作等。

（五）智能系统及智能计算机的构造技术

为了实现人工智能的近期目标及远期目标，就要建立智能系统及智能机器，为此需要开展对模型、系统分析与构造技术、建造工具及语言等的研究。

三、人工智能的表现形式

人工智能的表现形式实际上也就是它的应用形式，主要包括以下几种：

（一）智能软件

它的范围比较广泛。例如，它可以是一个完整的智能软件系统，如专家系统、知识库系统等；也可以是具有一定智能的程序模块，如推理模块、学习程序等，这种程序可以作为其他程序系统的子程序；智能软件还可以是有一定知识或智能的应用软件。

（二）智能设备

它包括具有一定智能的仪器仪表、机器和设施等。例如，采用智能控制的机床、汽车、武器装备和家用电器等。这种设备实际上是嵌入了某种智能软件的设备。

（三）智能网络

其就是智能化的信息网络，具体来讲，其从网络构建、管理、控制和信息传输，到网上信息发布、检索以及人机接口等，都是智能化的。

（四）智能机器人

它是一种拟人化的智能机器。

（五）智能计算机

在体系结构方面，智能计算机要试图打破冯·诺依曼式计算机的存储程序式的框架，实现类似于人脑结构的计算机体系结构，以期获得自学习、自组织、自适应和分布式并行计算的功能。目前，世界上竞相研制的神经网络计算机、纳米计算机、网格计算机分别从不同角度给出了新一代智能计算机的发展方向。在人机接口方面，智能接口技术要求计算机能够看懂文字，听懂语言，能够朗读文章，甚至能够进行不同语言之间的翻译。这些也恰恰是智能理论所要研究的基本问题。因此，智能接口技术既有巨大的应用价值，又有重要的基础理论意义。

（六）智能体或主体

它是一种具有智能的实体，具有自主性、反应性、适应性和社会性等基本特征。智能体可以是软件形式的（如运行在互联网上，进行信息收集），也可以是软硬件结合的（如智能机器人就是一种软硬件结合的智能体）。智能体是在20世纪80年代提出的一个新概念，人们试图用它来描述具有智能的实体，以至于有人把人工智能的目标定为"构造能表现出一定智能行为的智能体"。智能体技术及应用是当前人工智能领域的一个热门方向。

第三节　人工智能的研究途径

自人工智能作为一门学科面世以来，关于它的研究途径主要有两种不同的观点。一种观点主张用生物学的方法进行研究，搞清楚人类智能的本质；另一种观点主张通过运用计算机科学的方法进行研究，实现人类智能在计算机上的模拟。前一种方法称为以网络连接为主的连接机制方法，后一种方法称为以符号处理为核心的方法。

一、以符号处理为核心的方法

以符号处理为核心的方法又称为自上而下方法或符号主义。这种方法起源于 20 世纪 50 年代中期，是在纽厄尔与西蒙等人研究的通用问题求解系统 GPS 中首先提出来的，用于模拟人类求解问题的心理过程，逐渐形成物理符号系统。坚持这种方法的人认为，人工智能的研究目标是实现机器智能，而计算机自身具有符号处理的推算能力，这种能力本身就蕴含着演绎推理的内涵，因而可通过运行相应的程序系统来体现出某种基于逻辑思维的智能行为，达到模拟人类智能活动的效果。目前人工智能的大部分研究成果都是基于这种方法实现的。由于该方法的核心是符号处理，因此人们把它称为以符号处理为核心的方法或符号主义。

该方法的主要特征是：

（1）立足于逻辑运算和符号操作，适合于模拟人的逻辑思维过程，解决需要进行逻辑推理的复杂问题。

（2）知识可用显式的符号表示，在已知基本规则的情况下，无须输入大量的细节知识。

（3）便于模块化，当个别事实发生变化时易于修改。

（4）能与传统的符号数据库进行连接。

（5）可对推理结论作出解释，便于对各种可能性进行选择。

但是，人们并非仅仅依靠逻辑推理来求解问题，有时非逻辑推理在求解问题的过程中起着更重要的作用，甚至是决定性的作用。人的感知过程主要是形象思维，这是逻辑推理做不到的，因而无法用符号方法进行模拟。另外，用符号表示概念时，其有效性在很大程度上取决于符号表示的正确性，当把有关信息转换成推理机构能进行处理的符号时，将会丢失一些重要信息，它对带有噪声的信息以及不完整的信息也难以进行处理。这就表明单凭符号方法来解决智能中的所有问题是不可能的。

二、以网络连接为主的连接机制方法

以网络连接为主的连接机制方法是近些年比较热门的一种方法，它属于非符号处理范畴，是在人脑神经元及其相互连接而成网络的启示下，试图通过许多人工神经元间的并行协同作用来实现对人类智能的模拟。这种方法又称为自下而上方法或连接主义。坚持这种方法的人认为，大脑是人类一切智能活动的基础，因而从大脑神经元及其连接机制着手进行研究，搞清楚大脑的结构以及它进行信息处理的过程与机理，可望揭示人类智能的奥秘，从而真正实现人类智能在机器上的模拟。

该方法的主要特征是：

（1）通过神经元之间的并行协同作用实现信息处理，处理过程具有并行性、动态性、全局性。

（2）通过神经元间分布式的物理联系存储知识及信息，因而可以实现联想功能，对于带有噪声、缺损、变形的信息能进行有效的处理，取得比较满意的结果。例如，用该方法进行图像识别时，即使图像发生了畸变，也能进行正确的识别。一些研究表明，该方法在模式识别、图像信息压缩等方面都取得了一些研究成果。

（3）通过神经元间连接强度的动态调整来实现对人类学习、分类等的模拟。

（4）适合于模拟人类的形象思维过程。

（5）求解问题时，可以比较快地求得一个近似解。

但是，这种方法不适合模拟人们的逻辑思维过程，而且就神经网络的研究现状来看，由固定的体系结构与组成方案所构成的系统还达不到开发多种多样知识的要求，因此单靠连接机制方法来解决人工智能中的全部问题也是不现实的。

三、系统集成

由上面的讨论可以看出，符号方法与连接机制方法各有所长，也各有所短。符号方法善于模拟人的逻辑思维过程，求解问题时，如果问题有解，它可以准确地求出最优解，但是求解过程中的运算量将随问题复杂性的增加而呈指数性的增长；另外，符号方法要求知识与信息都用符号表示，但这一形式化的过程需由人来完成，它自身不具有这一能力。连接机制方法善于模拟人的形象思维过程，求解问题时，由于它可以并行处理，因而可以较快得到解，但解一般是近似的，次优的；另外，连接机制方法求解问题的过程是隐式的，难以对求解过程给出显式的解释。在这一情况下，如果能将两者结合起来，就可达到取长补短的目的。再者，就人类的思维过程来看，逻辑思维与形象思维只是人类智能中思维方式的两个方面。一般来说，人在求解问题时都是两种思维方式并用的，通过形象思维得到一个直觉的解或给出一种假设，然后用逻辑思维进行仔细的论证或搜索，最终得到一个最优解。因此，从模拟人类智能的角度来看，也应该将两者结合起来。著名的人工智能学者明斯基、西蒙、纽厄尔等在总结人工智能所走过的曲折道路时，都指出了把两种方法结合起来的重要性，纽厄尔还发出了建立"集成智能系统"的强烈呼吁。看来，把两种方法结合在一起进行综合研究，是模拟智能研究的一条必由之路。

当然，由于两种方法存在着太多的不同，因此要把它们结合起来有许多困难需要克服。例如，如何用形象思维得出逻辑规则？如何用逻辑思维去证实形象思维的结果？两种思维方式间的信息如何转换与传递？等等。目前，国内外学者都开展了相应的研究工作，例如，MCC 公司的人工智能实验室在里奇（E.Rich）的领导下就开展了建造一个可用于过程控制的集成系统的研究工作，并取得了一定的进展。

就目前的研究而言，把两种方法结合起来的途径主要有两种：一种是结合，即两者分别保持原来的结构，但密切合作，任何一方都可把自己不能解决的问题转化给另一方；另一种是统一，即把两者自然地统一在一个系统中，既有逻辑思维的功能，又有形象思维的功能。

最简单的结合方法是所谓的"黑盒／细线"结构（Black-box／thin-wire）。每一个盒子或者是一个符号处理系统，或者是一个人工神经网络。盒子与盒子之间通过一个"细线"，即带宽很窄的信道进行通信，但任何一方都不知道另一方的内部情形。除了这种结构形式外，目前还有另外一些混合体系结构，如黑盒模块化（Black-box）、并行管理和控制（Parallel monitoring and control）、神经网络的符号化机制（The symbolic setup of a neural net）、符号信息的神经网络获取方式（Neural net acquisition of symbolic information）、两院制结构（Bicameral architecture）等。其中，在两院制结构中大多数知识都同时用人工神经网络和符号形式表示，每部分以各自的推理机制工作，在必要时可从一种形式中抽取知识并将其转换为另一种形式，所以，尽管知识是以两种形式表示的，但实质上是共享的。

施密斯（M.L.Smith）为 Eaton 公司开发的汽车紧急刹车平衡系统是集成系统的一个典型例子。这个系统包括两个基于知识的单元和五个神经网络子系统。首先由操作人员从平衡分析器手工输入信息和事实数据到一个基于规则的预处理器，然后再把这些数据同时加入五个神经网络子系统中。前面的系统把分析器的原始数据以图形方式显示，供专家分析。每个神经网络子系统对相应于每个图的数据按好坏进行分类。最后，这些判断以符号形式输入到第二个基于规则的诊断系统，该系统对其进行分析，并在适当的时候建议刹车系统复原。

四、智能工程与人工智能

智能工程与人工智能既有区别又有联系。从研究目的看，智能工程这门应用性导向的工程学科，是利用人工智能的成果去解决实质问题的而人工智能这门理论研究性导向的科学，是使机器智能化，即用计算机模拟人的智能。从研究过程看，智能工程专家们更注重人类活动的宏观和外在表现，力图用带有智能的计算机自动去解决人类面临的复杂问题，强调宏观的过程和效果，着重问题解决的结果，并不着重于人类活动的机理性研究；而人工智能科学家不仅要创造出智能机器，而且还要分析、理解人工智能的本质和机理，对各种不同的计算和计算描述均要进行深入的研究，着重研究智能活动过程的机理，更具有严格的逻辑性和推理，并注重人工智能的普遍适用性。从研究内容看，智能工程着重研究的是知识处理及其应用的技术，包括知识的表示与获取，还有知识的管理、协调、集成、利用等问题；人工智能广泛研究人类的智能活动，包括图像识别、自然语言理解、问题求解、机器学习等方面，涉及众多的基础学科和应用科学。因此，智能工程是以"知识"为基础的工程学科，它比知识工程研究的内容要复杂、全面得多。

智能工程与人工智能存在必然的联系，它们一样都是计算机科学及一些其他科学发展的产物。智能工程把人工智能作为主要的依靠基础，人工智能的许多理论及研究成果，如符号模型、符号推理和信息处理等都是智能工程进一步研究的内容。智能工程一方面力图把人工智能的理论和方法应用到实际中去；另一方面在工程应用时，又把许多人工智能中还不太成熟的理论和方法进一步深化、提高。因此，智能工程又能促进人工智能的发展。

智能工程与人工智能的关系，类似于工程科学与自然科学的关系。自然科学是工程科学的基础，自然科学研究的目的是揭示自然界的本质与规律，是人类从根本上认识世界的科学，工程科学研究的目的是应用自然科学提供的理论作为工具，结合自身对工程问题的研究与理解，有针对性地去解决问题。因此，工程科学比自然科学发展得更快，更容易为人们所接受。工程科学在其发展过程中，随着经验与成果的扩大与深入，也会发展成普遍适用的理论和工具，对自然科学的发展也是一种促进和补充。

五、智能制造系统

智能制造系统（IMS）可以说是智能工程的最高代表，是在直接数字控制技术、柔性制造系统、计算机集成制造系统的基础上发展形成的。智能制造系统能在非确定和不可预测的环境下，可以在没有经验和不完全、不精确信息的情况下完成拟人的制造任务，该系统就是要把人的智能活动变成制造机器的智能活动，要通过集成知识工程、制造软件系统、机器人视觉、智能控制等技术形成大规模的高度自动化生产。

许多国家对智能制造系统都进行了研究，他们认为智能制造系统在整个制造过程中都贯穿着智能活动，并将这种知识活动与智能机器相结合，使整个制造过程以柔性方式集成起来，与计算机集成制造系统相比，该系统更强调制造系统的自组织、自学习和自适应能力。

要实现智能制造系统，首先要有智能设备，包括智能加工中心，材料传送、检测和试验装置，还有各种智能装置。随着人们对制造过程行为认识的加深，新技术、新方法的不断涌现，如何将层出不穷的新知识变成机器的知识与智能，就成为智能制造系统必须要解决的重要问题。不管前面有多少困难，脑力劳动自动化将是必然的趋势，智能工程在它的发展道路上将越走越宽阔。

第四节　人工智能的典型应用

人工智能的快速发展，为医疗健康领域向更高的智能化方向发展提供了非常有利的技术条件。智能医疗通过打造健康档案区域医疗信息平台，利用最先进的物联网技术，实现患者与医务人员、医疗机构、医疗设备之间的互动，来逐步达到信息化。近几年，智能医疗在辅助诊疗、疾病预测、医疗影像辅助诊断、药物开发等方面发挥着重要作用。

一、智能医疗

（一）智能医疗设备

1. 智能血压计

智能血压计有蓝牙血压计、GPRS 血压计、Wi-Fi 血压计等。蓝牙血压计在血压计中内置蓝牙模块，通过蓝牙将测量数据传送到手机，然后手机再上传到云端。GPRS 血压计通过内置模块，利用无所不在的公共移动通信网络，将数据直接上传到云端。不同的智能血压计适用于不同的人群。比如，蓝牙和 USB 血压计由于测量时必须使用手机，比较适合 40 岁以下的年轻人群使用；而 GPRS 和 Wi-Fi 血压计基本上适合所有人群。其中 GPRS 血压计因为需要支付流量费用，不适合对费用敏感的人群。

2. 理疗仪

理疗仪大部分属于远红外线、红外线、热疗、磁疗、高低频、音频脉冲以及机械按摩类别的治疗仪器。当腰、腿、颈椎、胳膊出现不舒适的感觉时，人们会去做一些理疗，以缓解疾病疼痛的感觉。这些家用理疗仪可以方便地在家中使用，并作为辅助的保健治疗。

3. 智能假肢

智能假肢又叫神经义肢，属于生物电子装置，它是医生利用现代生物电子学技术为患者把人体神经系统与照相机、话筒、马达之类的装置连接起来，以嵌入和听从大脑指令的方式替代这个人群躯体部分缺失或损毁的人工装置。

4. 智能体脂秤

智能体脂秤可全面检测身体体重、脂肪、骨骼、肌肉等含量，智能分析身体的重要数据，可根据每个时段的身体状况和日常生活习惯提供个性化的饮食和健康指导。它采用了智能对象识别技术，多模式、大存储，可满足全家各年龄阶段的需求。

（二）智能医疗应用的具体方面

目前，人工智能技术在智能诊疗、智能影像识别、智能药物研发、智能健康管理等领域中均得到应用。

1. 人工智能医学影像

以宫颈癌玻片为例，一张片上至少 3000 个细胞，医生阅读一张片子通常需要 5 ~ 6min，但人工智能阅读后圈出重点视野，医生复核则只要 2～3min。一般来讲，具有 40 年读片经验的医生累计阅数量不超过 150 万张，但人工智能不会受此限制，只要有足够的学习样本，人工智能都可以学习，因此在经验上人工智能超过病理医生。

2. 人工智能药物挖掘

药物挖掘主要包括新药研发、老药新用、药物筛选、药物副作用预测、药物跟踪研究等内容。人工智能在药物挖掘方面的作用主要体现在分析药物的化学结构与药效的关系以及预测小分子药物晶型结构。

3. 人工智能健康管理

人工智能健康管理是以预防和控制疾病发生与发展，降低医疗费用，提高生命质量为目的筛查与健康及亚健康人群的生活方式相关的健康危险因素，通过健康信息采集、健康检测、健康评估、个性化监管方案、健康干预的手段持续加以改善的过程和方法。

此外，由于追踪活动和心率的可穿戴医疗设备越来越便宜，消费者现在可自己检测自身的健康状况。人们越来越多使用可穿戴设备意味着网上可以获取大量日常健康数据，大数据和人工智能预测分析师可在出现更多重大医疗疾病前持续检测并提醒用户。

（三）智慧健康建设

随着人们生活水平的不断提升，城市市民对健康的要求越来越高，新兴技术手段在健康医疗领域的广泛应用以及智能终端的普及，使市民对健康信息的了解更加及时和全面。智慧健康建设已成为智慧城市建设的主要领域，向市民提供优质、智能的健康服务，也是城市医疗健康体系建设的重要方向。

1. 智慧健康概述

在国务院关于印发《新一代人工智能发展规划》的通知中，提出建设安全便捷的智能社会。通过推广应用人工智能治疗新模式新手段，建立快速精准的智能医疗体系。探索智慧医院建设，开发人机协同的手术机器人、智能诊疗助手，研发柔性可穿戴、生物兼容的生理监测系统，研发人机协同临床智能诊疗方案，实现智能影像识别病理分型和智能多学科会诊。基于人工智能开展大规模基因组识别、蛋白组学、代谢组学等研究和新药研发，推进医药监管智能化，加强流行病智能监测和防控，实现智能医疗。

在全世界范围内，专业高质量的医疗资源是稀缺的。在很多缺乏专科医生的相对贫困的地方，许多人对自己的疾病状况不自知；即使在相对发达的城市区域，由于城市人口多、人口老龄化、慢性病发病率增高等导致病人数量庞大，而对应的专科医生供不应求，也使得大量病人不能及时转诊就医，从而延误就诊治疗的最佳时机。

随着社会经济的发展，国民对生活质量要求越来越高，对健康的关注度也越来越大，同时我国老龄化程度不断加深，医疗资源配置不合理、健康服务产业发展滞后等问题日益突出，逐步成为影响社会发展的重要社会问题之一。我国的阿里巴巴、腾讯等大型互联网企业也积极参与到医疗大脑采用深度学习的技术、我国人基因信息收集分析、人工智能医学影像等研究中。人工智能技术的应用不仅提高了医疗机构和人员的工作效率，降低了医疗成本，而且使人们可以在日常生活中科学有效检测预防、管理自身健康。

近年来，我国在智慧城市的建设与应用推广中始终把医疗保健视为关键，通过向人民群众提供优质、高效智能的健康服务，加快推进智慧健康建设，成为我国医疗健康体系发展的重要选择。

2. 智慧健康应用的体现

智慧健康应用主要体现在智慧医院、智慧区域医疗及智慧家庭健康管理三个方面。

（1）智慧医院服务

智慧医院是由医用智能化楼宇、数字化医疗设备和医院信息系统组成的三位一体的现代化医院运行体系。例如，上海申康医院发展中心启动建设医联工程大数据影像协同平台，以优化市级医院影像数据采集方法及提升影像调阅服务能力为目标，研发跨院系统通用的影像在线实时调阅控件，实现多家市级医院医生工作站无须额外安装调阅软件，医生使用IE Web 浏览器即可便捷、高效、高质地实时调阅患者在其他三级医院的影像图像和报告。同时，改善医联影像的实时采集技术和在线云监控功能，对运行中的多家三级医院产生的影像业务数据数量与质量以及影像软硬件系统进行实时云监控，保障影像协同平台的安全运行。

（2）智慧区域医疗服务

智慧区域医疗服务的目的是以用户为中心，实现公共卫生、医疗服务、疾病控制以及社区自助健康服务等内容的整合。例如，上海社区卫生服务进入全面深化改革阶段，以信息技术支撑和居民电子健康档案为基础的现代社区卫生服务模式是社区卫生服务改革的必然趋势。依托家庭医生责任制的分级诊疗平台通过推动建立基于数据标准与信息化支撑的社区卫生服务新模式，以家庭医生制度构建为主线，发挥社区卫生服务平台的功能，包括对各类资源的整合配置、科学利用与对居民健康的持续管理，提供面向居民的基本医疗、分级诊疗、健康管理等服务；依托居民电子健康档案和家庭医生，以社区卫生服务中心为平台，成为居民健康、卫生资源与卫生费用"守门人"，促进资源有效利用、运行科学规范与健康持续提高。

（3）智慧家庭健康管理

智慧健康服务模式下更强调大众的个人健康管理效能，智慧家庭健康服务的核心便是大众自我的健康管理。在通过配备智能血压计、智能血糖仪、心率计步腕表等移动医疗设备方便、快捷、实时掌握自己的健康状况的同时，相关数据自动上传到远程智慧医学网络中心的健康档案数据库，医生可根据这些数据，通过互联网对患者实现线上的诊疗咨询、慢病管理、健康指导等。家庭移动医疗新模式有助于医生全面掌握患者情况，进行更加精确的诊疗指导，同时也可以优化医疗资源配置，促进优质医疗资源下沉，实现院内院外、线上线下全程立体化疾病管理。

二、智能家居

智能家居（smart home，home automation）以住宅为平台，利用综合布线技术、网络通信技术、安全防范技术、自动控制技术、音视频技术将与家居生活有关的设施集成，构建高效的住宅设施与家庭日程事务的管理系统，提升家居安全性、便利性、舒适性、艺术性，并实现环保节能的居住环境。

智能家居是智慧城市中最小的一个组成部分，也是智慧城市建设在家庭层面的重要体现，随着消费者对自身生活水准和家庭智能化渴望的提升，借助智能设备、云计算和人工智能技术的智能家居和智能安防的需求量日渐增长，而智能家居能够考虑到家庭中的不同场景应用及各类潜在需求，达成从独立到协作的智能互联，为住户提供更为智能的各类居家用户服务，使其获得更为舒适、便利和安全的智能家庭生活体验。

（一）智能家居背景

如今智慧化的浪潮正席卷着各行各业，"互联网＋家庭"，即"智能家居"概念正在逐渐深入人心，通过运用互联网、物联网等技术，整合互通互连的云端信息交互服务平台，结合软件与硬件设备，搭建设备、云端和平台的综合服务系统，能够为住户塑造更及时、多样化和个性化的智能家居环境，丰富住户的家庭生活体验。随着云技术的日渐完善和可应用载体的日渐丰富，物联网、云服务和大数据的新兴产业链正被精进和完善，更为完备和自主的智能化家庭信息服务与安防正在走入现实，助使住户利用智能终端更方便快捷地体验高效、精准与优质的智能家庭生活。

在国家政策层面，以政策扶植的方式开始加速智能家居产业在国内的应用和普及，智能家居已成为今后智能化发展的必然趋势。涉足智能家居产业的厂商也开始注重消费者的需求，舍弃高端情结，为智能家居提供新的诠释。在一个智能家居的相关调查中，几乎所有被调查者均认可智能家居的美好前景，随着专业厂商相继开发出符合大众消费习惯、实用的产品，并逐步提高产品普及度，我国将迎来庞大的智能家居市场。

（二）智能家居理念

在过去，信息化技术、设备的智能化水平和智能家居住户体验都有所受限，大众对能家居的概念仅有较为模糊的认知，消费者对智能家居的定义大多为拥有可远程控制的家电（如冰箱等）或可使用智能手机等设备遥控电视等。如今，随着物联网技术水平的不断提高，智能家居已成为其实际应用的一大体现，各种先进的通信技术、感知技术被广泛使用，具备集成和控制照明设备、娱乐系统和安防系统的电子电气设备接踵而至，智能家居被赋予了新的定义，促使家庭生活变得更加安全、高效和节能。

基于物联网的智能家居，即指以云计算、物联网和互联网为支撑，利用信息传感设备使家庭中独立的智能产品实现一体化，既使其能够实现各自的功能，又与系统同步协调运作完成交互工作，进行实时信息采集和管理，实现家居智能化。从技术上而言，互联已成为智能家居的主要要素。例如，家庭智能音响在联网的场景下通过设备与云端数据库建立连接，将数据上传云端并进行存储，就可以通过设备共享管理和其他家庭终端智能设备（如手机等）与其他成员共享或管理自己的智能设备设置。云端能够整合分析使用者的使用习惯，做出判断并为其提供更贴切的服务。比如，利用语音交互，帮助使用者在家中客厅或任何房间内享受音乐播放、电台收听、有声读物等娱乐服务，并提供语音打车、天气预报、备忘录记事、短信通知等其他日常服务，充分运用"设备＋终端＋云平台"的模式，为使用者及其家人带来更舒适和便捷的居家生活体验。

从内容上而言，近些年智能家居的解决方案也开始更注重智能安防。作为智能家居最早也最为成熟的应用，智能安防是短期内最容易获得普通消费者青睐的应用之一。因此，运营商在物联网解决方案中也将其列为一个重要发展对象。国内运营商（如中国移动、中国电信和中国联通）的安防解决方案均选择让用户通过手机远程控制安防系统，当遇到不正常入侵的紧急情况时,使用者的手机和对应的安保部门都会在第一时间内得到警告通知。

此外,近年来智能家居的应用领域也在不断延伸,已逐渐拓展到办公、娱乐、健康等领域,如今手机等终端可与智能音乐播放器、智能厨房、智能健康系统协作整合,为用户带来丰富多彩的互联家庭生活。

(三)智能家居具体应用

随着云计算技术、网络通信技术及智能终端的发展,云技术与设备结相合的智能家庭模式正在向大众普及,其模式即使用一个位于互联网中基于云计算技术的专用功能服务平台,提供消费者所需的各种家庭生活服务功能。例如,媒体娱乐、家居系统和智能安防等。同时,在此服务平台设置更多用户所需的个性化服务,在智能手机大规模普及的背景下,利用智能终端通过注册的方式连接到该服务云上,进而实现智能家居管理的云端化。

以住宅小区为该功能服务平台的控制范围,通过对各居住用户集中控制与联网通信,智能家居可实现楼宇对讲和能源计量等功能;而以每个住户的家庭室内空间为控制范围的话,则不必与外部用户进行信息交互,就可实现对室内家居的家电、灯光和部分安防的控制等。安防方面即运用新一代信息技术,通过门磁开关、紧急求助、烟雾监测报警、燃气泄漏报警、碎玻璃探测报警、红外微波探测报警等方面的应用,有效保护住户,提高家庭居住安全度并及时做出预警判断。运用智能手机终端,智能家庭的住户还能对居住的场所进行更加高效和便捷的远程监测和控制,即使在外地也能随时查看家庭状况,实现掌上化管理控制。此外,通过把本地家居测量的数据上传到服务云,还能够实现数据的高效管理。如在用户的电量管理上,不仅为单个用户进行电量的管理,而且云端数据产生的"聚集效应"能为分析大量用电负荷分布提供极具价值的参考数据。

在室内家居的家电、灯光和窗帘控制等方面,智能家庭系统设备能对餐厅、客厅、主卧的灯光进行智能控制。比如,在玄关入口处设置人体探测器,实现控制入口灯光开关的自动感应功能;在客厅和餐厅墙面设置智能开关面板,控制这几处的灯具;在主卧床头设置智能开关面板,控制主卧灯;还能通过网关(IP网关),利用手机等智能终端控制客厅、餐厅、主卧的灯具。同理,利用智能家庭系统设备实现对客厅和主卧窗帘的智能控制;通过IP网关,利用手机等智能终端控制客厅、主卧的窗帘开关。智能家庭系统设备还可通过系统配置使客厅、餐厅及卧室的照明灯光、电动窗帘等多种元素有机组合,满足符合不同使用需求的场景模式。比如,居住者晚上回家时,无须动手,系统即可按回家场景需求,自动进入对应"回家场景"，自动开启灯光及相应设备；就餐时，餐厅灯光自动打开到最适宜的状态；居住者在家休闲时，整个室内的灯光自动调到符合居住者喜好的合适亮度，按照预先设置的自动控制，满足休闲空间的场景需求；而当居住者离家时，只需手指轻轻一按，就可以启动离家模式场景，自动关闭窗帘及室内所有灯光。

此外，智能安防也是智能家庭的重要组成部分，基于网络通信技术的智能家庭安防系统不仅能够对家庭异常人员入侵、煤气泄漏和火灾等情况实时监控，而且可以实现对多个重要点位进行监控和数据的采集，如有严重的警情，主控安防系统会立即实施报警功能，利用电信宽带网络平台通知户主，不仅可以高速运行与处理各模块，而且性能更为稳定可靠，实用性更高。同时，利用现有的通信技术和网络互联技术，通过对探测信息和摄像机图像等多源信息的协同分析，完成对紧急异常事件的及时判断并执行联动响应，实现基于物联网技术的智能安防系统集成，在系统部署智能处理以及一体化控制方面具有较大的灵活性和良好的可扩展性，能够有效降低误报率并提高智能安防系统的集成化水平，使得智能家居的安防水平大大提升，更及时预警并帮助居住者进行相应防范和处理措施。

三、智能商用服务

中国是世界上第二大人工智能国家。初创企业市场资金充足，估值甚至高于硅谷。中国人工智能初创企业的增长最为强劲。

在一些领域，中国的人工智能与世界领先水平不相上下，百度、阿里巴巴、腾讯、小米、华为等一直在争夺人工智能领域的顶尖人才，参与国际竞争。但在有些领域，人工智能还处在起步阶段，还有更多的公司举棋不定，即使这些公司决定拥抱人工智能，但这条路依然困难重重。买到合适的人工智能技术很耗费时间和精力，然而结果却往往并不完美。

（一）智能商旅服务

中国的商旅市场现已成为全球第一大商旅市场，但相比国外市场，中国的商旅服务市场目前还非常分散，还没有形成集约化。

目前，国内出现了很多一站式旅游产品采购平台，如携程、去哪儿、飞猪等，包含了机票、酒店、用车等针对大众的旅游产品，业务相对成熟。很多公司也倾向于让员工在各平台上自行订票。但现代企业面临着更为复杂的环境和更高的管理要求，员工出差也不仅仅是网上订票就能满足企业的需要，很多商旅管理公司就此应运而生，为企业提供一站式商旅服务。商旅服务企业通过提供技术和服务支持，将员工出差的整个流程整合起来进行实时管理和统筹安排，极大地提高了差旅管理效率，降低了差旅成本。

与此同时，企业对员工关怀和出差体验的要求也越来越高。这就需要有效利用人工智能技术，在商旅合规性和商旅满意度之间找到平衡点。例如，旅行前员工在线提出出差申请，系统会根据员工级别显示相应的票务及出行选项，在途中行程出现变化时也可以在线申请，实时审批，避免沟通渠道不畅或滞后增加旅途的麻烦和成本；开通公对公结算账户，省却了垫付现金后繁琐的票据收集和报销审批，也避免了由此产生的不合规交易和不必要的人力损耗。此外，商旅服务公司还能利用人工智能技术预测旅行选择，对商旅活动进行整体规划并提供个性化服务，以提高员工出行的效率和体验。

目前，中国企业整体的商旅管理意识还比较落后，国内商旅采购重点仍然在商旅预算控制方面，真正能意识到商旅管理的重要性并引进新技术进行集中管理的企业还是太少。接下来几年，整个商旅行业会重新洗牌，随着企业客户需求和竞争环境的变化，以关系和价格取胜的小型代理会逐步流出市场，让位于有技术、有资金，能够提供精细化科学管理的大中型商旅管理公司。再加上商旅行业的特殊性，产品和打磨周期会非常长，转型成功与否取决于商旅服务企业的技术底蕴和服务能力。

（二）智能金融服务

我国金融与人工智能的融合已经取得了突破性进展。由于金融行业拥有丰富的大数据，并对风险管理要求更为精准，因此，金融与人工智能的融合具有天然优势。要创新智能金融产品和服务，发展金融新业态，鼓励金融行业应用智能客服、智能监控等技术和装备，建立金融风险智能预警与防控系统。

我国已经形成了相对完整的金融服务产业链，但更多地集中在产业下游。芯片和平台层面仍然依靠外企。

同时，移动终端的普及、海量大数据的存储运用、云技术的不断成熟等因素都促进了金融智能化发展。我国金融业对人工智能技术的应用目前集中在风险管控、智能投资顾问、提升客户体验、市场预测四个方面。

风险管控借力人工智能，针对日趋严重的不良贷款问题，利用人工智能技术可严控信贷审批。在反欺诈任务中，运用知识图谱对信息的一致性进行验证，能够分辨、识别出异常交易行为并杜绝欺诈业务。智能投顾资产管理市场规模现已达到万亿级，包括以 B2B

为模式的资产管理市场和以 B2C 为模式的理财投资市场。中国资产管理市场规模已达到百万亿元的体量，因而对金融服务的效率和质量提出了更高的要求。目前典型的应用是通过人工智能技术，对多来源数据进行汇总、清洗、分析，为资产提出投资组合建议；同时，运用自然语言处理技术和知识图谱进行关联分析，强化风险预警系统。当前理财投资市场以服务 C 端消费者为目标的产品和服务相对不成熟，呈爆发式出现的智投公司正在寻求为这个市场解决投资理财的诉求，更有一些智投公司寻求通过服务 B 端用户最终服务 C 端消费者。大量企业运用计算机视觉技术提高身份验证效率，将前端设备捕捉到的人脸信息与后台云端数据信息进行对比。此外，机器学习主要用于股票市场预测和风险预警。

（三）智能法律服务

经过多年的信息化建设后，法院的流程、证据、文书、档案等数据都非常完整，数据质量较高，一些人工智能公司也进入这个领域。目前，做法律人工智能的公司主要有两大类：一类聚焦法律行业信息化，如华宇、通达海等老牌企业，在行业信息化的基础上探索人工智能的应用；另一类则关注人工智能的行业应用，如科大讯飞。

人工智能高级阶段的发展离不开法律业务标准化、流程化和规范化。目前中国法律行业的升级改造，是通过国家的力量自上而下实施推进的。但人工智能应用仍然处于初级阶段，法律行业还存在着数据分散、行业标准化程度低、律师参与意愿不强等问题。行业与人工智能的高度融合无法简单依靠技术和网络的力量一蹴而就，还需依赖资源和经验的长时间积累。

（四）人工智能与商务服务业转型及相互融合的趋势

人工智能确实可以在人类情感、思维的基础上增强人类能力，给人们提供更好的信息、更多的洞察力和更好地履行职责的能力。鉴于人工智能技术的特殊性，即其应用离不开专业人士对技术和市场的双向把控，人工智能与商务服务业的融合将会通过第三方，即掌握智能技术的服务企业，为传统企业服务公司提供人工智能解决方案，或利用人工智能技术解决某一方面的问题，进而间接服务其客户企业（即"B2B2B"）。在未来几年内，商务服务业转型将会在以下几个方面有所突破或发展：

1. 商务智能服务成本降低，服务对象数量增多

传统的商务服务行业服务对象相对较窄，主要原因有二：

一是由于信息不对称、唯恐信息泄露等风险不可控的因素，企业对第三方介入公司管

理和运营心存疑惑或不信任；二是行业水平参差不齐，仅有少数资金雄厚的大中型企业能够获得优质服务，如法律、金融等行业，而大量长尾企业的商务服务需求还未得到满足。

以人工智能为代表的新科技与传统商务服务业的融合可以降低服务成本，商务服务直接和间接服务对象的数量将发生急剧增长，从而提高行业整体水平、扩大商务服务覆盖面，惠及全社会。

2. 商务智能服务解放人力，创造更多盈利空间

中国公司更加强调使用人工智能来降低成本，而不是增加收入，并期望通过人工智能减少对人力的依赖。人工智能技术可以将人力从重复性劳动中解放出来，同时也创造了更多的盈利市场和空间。因而，削减人力只是人工智能运用的一个方面，以此为起点开拓更大的市场才是商务服务企业的导向所在，以降低成本为导向的人工智能技术应用将转向追逐盈利。

3. 商务智能服务发展分化，依赖信息化建设程度

中国面临一个特殊的信息化、云端化和智能化同步推进的现状，这在发达国家是分步完成的。因此，在商务服务智能化的过程中就出现了分化的情况，主要表现为：一方面，拥有线上大数据的企业已经成为新经济的增长引擎；另一方面，线下大数据还未得到广泛采集和应用。很多行业现在本身的信息化程度很低，还在系统在线化建设当中。因此，对于一些行业来说，智能化的程度主要取决于信息化建设的进度。随着信息化的不断完善，线下大数据的电子化将引发新一轮的人工智能应用，已有的人工智能技术将会被迅速应用于整个行业。这个过程会非常迅速，动作稍慢的企业就会丧失市场机会。

4. 商务智能服务实现多重价值，数据可被资产化

进入智能企业服务时代已经不能把数据当成唯一壁垒。很多企业服务公司觉得数据是核心资产，所以不愿意开放给别人。随着区块链技术的发展，这个问题可以得到有效解决。区块链可以让数据变得可以被资产化，让每一次的数据调用都能实现记录并使数据拥有者获利，还可以保护数据源的安全。数据被多次分享和利用的频次越高，就越有价值，数据的开放与共享将催生多重价值的智能服务。

5. 商务智能服务企业借力人工智能专家，无须自行研发

随着跨媒体分析与推理、知识计算引擎与知识服务等新技术在商务领域的应用，企业决策不仅取决于其自身收集的大数据或行业大数据，更是借助于涵盖经济数据、地理数据、

城市基础数据等跨媒体大数据平台，以终端需求为导向，为企业提供定制化商务智能决策服务。超级大数据平台的出现将使行业界限模糊。商务服务企业不再需要自行研发，只需一两个人工智能专家即可有效引入并使用云服务提供的人工智能应用。

6. 商务智能服务更新人类工作种类，但无法取代人类

技术总是在进步，人工智能会更新人类工作种类，但不会取代人类工作。例如，引入能够分析大量法律文件的软件降低了搜索成本，但由于效率的提高，相应的搜索需求也大大增加。再如，自动柜员机（ATM）通过接管某些例行任务而显著减少银行职员的数量，但这也降低了银行分行的运营成本，允许银行响应客户需求开设更多的分支机构，从而增加了员工总数。可见，人工智能和预测分析在提供客户体验方面是不会取代人类的。

随着技术的更新和算法的进步，人工智能在商务服务领域会得到更广泛和更丰富的应用。各种机器学习应用及框架集成会更方便、更广泛，也更便宜。由此催生的各类"AI+"企业服务的应用也会呈现爆发式发展。然而，人工智能也可能会帮助很多非科技行业的垄断企业崛起，最终扼杀创新，并压缩消费者的选择空间。

第三章　网络基础与应用

第一节　网络基础概述

自 20 世纪 90 年代以来，以互联网为代表的计算机网络得到了飞速的发展，已从最初的教育科研网络逐步发展为商业网络，并且随着计算机网络及通信技术的进步，进入了万物互联的云时代，人们的生活、工作、学习和交往都已经与互联网密不可分。

一、计算机网络的基本概念

计算机网络是指将地理位置不同的具有独立功能的多台计算机及其外部设备通过通信线路连接起来，在网络操作系统、网络管理软件及网络通信协议的管理和协调下，实现资源共享和信息传递的计算机系统。

计算机网络也称为计算机通信网。关于计算机网络的最简单定义是：一些相互连接的、以共享资源为目的的、自治的计算机的集合。按此定义，则早期的面向终端的网络都不能算是计算机网络，而只能称为联机系统（因为那时许多的终端不能算是自治的计算机）。但随着硬件价格下降，许多终端都具有一定的智能，因而"终端"和"自治的计算机"逐渐失去了严格的界限。若将微型计算机作为终端使用，按上述定义，则早期的那种面向终端的网络也可称为计算机网络。

另外，从逻辑功能上看，计算机网络是以传输信息为基础目的，用通信线路将多个计算机连接起来的计算机系统的集合。一个计算机网络由传输介质和通信设备组成。

从用户角度来看，计算机网络由资源子网和通信子网组成。由计算机网络调用完成所有用户的资源，而整个网络像一个大的计算机系统一样，对用户是透明的。

一个比较通用的定义是：利用通信线路将地理上分散的、具有独立功能的计算机系统和通信设备按不同的形式连接起来，以功能完善的网络软件及协议实现资源共享和信息传递的系统。

从整体上来说，计算机网络就是把分布在不同地理区域的计算机与专门的外部设备用通信线路互联成一个规模大、功能强的系统，从而使众多的计算机可以方便地互相传递信息，共享硬件、软件、数据信息等资源。简单来说，计算机网络就是由通信线路互相连接的许多自主工作的计算机构成的集合体。

最简单的计算机网络只有两台计算机和连接它们的一条链路，即两个节点和一条链路。

二、计算机网络的分类

虽然网络类型的划分标准各种各样，但是从地理范围划分是一种大家都认可的通用网络划分标准。按这种标准可以把网络划分为局域网、城域网、广域网和互联网四种。这里的网络划分并没有严格意义上地理范围的区分，只是一个定性的概念。下面简要介绍这几种计算机网络。

（一）局域网（Local Area Network，LAN）

所谓局域网，就是在局部地区范围内的网络，它所覆盖的地区范围较小。这是最常见、应用最广的一种网络。局域网随着整个计算机网络技术的发展和提高而得到充分的应用和普及，几乎每个单位都有自己的局域网，甚至有的家庭中都有自己的小型局域网。局域网在计算机数量配置上没有太多的限制，少的可以只有两台，多的可达几百台。一般来说，在企业局域网中，工作站的数量在几十台到两百台左右。在网络所覆盖的地理距离上是几米至10km。局域网一般位于一个建筑物或一个单位内，不存在寻径问题，不包括网络层的应用。

这种网络的特点是：连接范围窄、用户数少、配置容易、连接速率高。IEEE 802标准委员会定义了多种主要的LAN网：以太网（Ethernet）、令牌环网（Token Ring）、光纤分布式接口网络（FDDI）、异步传输模式网（ATM）及无线局域网（WLAN）。

（二）城域网（Metropolitan Area Network，MAN）

广域网一般是在一个城市但不在同一地理小区范围内的计算机互联。其连接距离为10～100km，它采用的是IEEE 802.6标准。MAN与LAN相比，扩展的距离更大，连接的计算机数量更多，在地理范围上可以说是LAN网络的延伸。在一个大型城市或都市地区，一个 MAN 网络通常连接着多个 LAN 网，如连接政府机构的 LAN、医院的 LAN、电信的 LAN、公司企业的 LAN 等。光纤连接的引入，使 MAN 中高速的 LAN 互联成为可能。

城域网通常采用 ATM 传输技术。ATM 是一个用于数据、语音、视频及多媒体应用程序的高速网络传输方法。ATM 包括一个接口和一个协议，该协议能够在一个常规的传输信道上，在比特率不变及变化的通信量之间进行切换。ATM 也包括硬件、软件及与 ATM 协议标准一致的介质。ATM 提供一个可伸缩的主干基础设施，以便能够适应不同规模、速度及寻址技术的网络。ATM 的最大缺点就是成本太高，所以一般在政府城域网中应用，如邮政、银行、医院等。

（三）广域网（Wide Area Network，WAN）

这种网络也称为远程网，所覆盖的范围比城域网（MAN）更广，它一般是不同城市之间的 LAN 或者 MAN 网络互联，地理范围可从几百千米到几千千米。因为距离较远，信息衰减比较严重，所以这种网络一般要租用专线，通过 IMP（接口信息处理）协议和线路连接起来，构成网状结构，解决寻径问题。这种城域网因为所连接的用户多，总出口带宽有限，所以用户的终端连接速率一般较低，通常为 56kb／s～155 Mb／s，如邮电部门的 CHINANET、CHINAPAC 和 CHINADDN 网。

（四）无线网（Wireless Network）

无线网与移动通信经常是联系在一起的，但这两个概念并不完全相同。例如，当便携式计算机通过 PCMCIA 卡接入电话插口时，它就变成有线网的一部分。另外，有些通过无线网连接起来的计算机的位置可能又是固定不变的，如在不便于通过有线电缆连接的大楼之间就可以通过无线网将两栋大楼内的计算机连接在一起。

三、计算机网络的应用

（一）商业运用

（1）实现资源共享（resource sharing），最终打破地理位置束缚，主要运用客户 - 服务器模型（client-server model）。

（2）提供强大的通信媒介（communication medium），如电子邮件（E-mail）、视频会议。

（3）电子商务活动，如各种不同供应商购买子系统，然后将这些部件组装起来。

（4）通过 Internet 与客户做各种交易。

（二）家庭运用

（1）访问远程信息，如浏览 Web 页面获得艺术、商务、烹饪、政府、健康、历史、爱好、娱乐、科学、运动、旅游等相关信息。

（2）个人之间的通信，如即时消息（instant messaging）（运用 QQ、微信）、聊天室、对等通信（peer-to-peer communication）（通过中心数据库共享，但是容易侵犯版权）。

（3）交互式娱乐，如视频点播、即时评论及参加活动（网络直播互动）、网络游戏。

（4）广义的电子商务，如以电子方式支付账单、管理银行账户、处理投资。

（三）移动用户

以无线网络为基础。

（1）可移动的计算机：笔记本计算机、PDA、手机。

（2）军事：一场战争不可能靠局域网设备通信。

（3）运货车队、出租车、快递专车等。

四、网络协议

网络协议是网络上所有设备（网络服务器、计算机及交换机、路由器、防火墙等）之间通信规则的集合，它规定了通信时信息必须采用的格式和这些格式的意义。大多数网络采用分层的体系结构，每一层都建立在它的下层之上，向它的上一层提供一定的服务，但把实现这一服务的细节对上一层加以屏蔽。一台设备上的第 n 层与另一台设备上的第 n 层进行通信的规则就是第 n 层协议。在网络的各层中存在着许多协议，接收方和发送方同层的协议必须一致，否则一方将无法识别另一方发出的信息。网络协议使网络上各种设备能够相互交换信息，常见的协议有 TCP/IP 协议、IPX/SPX 协议、NetBEUI 协议等。

ARPANET 成功的主要原因是它使用了 TCP/IP 标准网络协议。TCP/IP（Transmission Control Protocol/Internet Protocol，传输控制协议／互联网协议）是 Internet 采用的一种标准网络协议。它是由 ARPA 推出的一种网络体系结构和协议规范。随着 Internet 网的发展，TCP/IP 也得到了进一步的研究开发和推广应用，成为 Internet 网上的"通用语言"。

五、因特网的发展历史

起源于美国的因特网（Internet）目前已发展为世界上最大的国际性计算机互联网。通常所说的上网、使用的网络服务（例如微信、QQ、网页、网游等），其实就是在通过因特网使用互联网公司提供的服务。

因特网的发展经历了三个阶段，这三个阶段在时间上并不是截然分开的，而是有部分重叠，这是因为因特网的发展和演进是逐渐发生的。

（一）第一阶段：从单个网络 ARPANET 向互联网发展的过程

美国国防部 1969 年创建的第一个分组交换网 ARPANET 最初只是一个单个的分组交换网，所有要连接在 ARPANET 上的主机都直接与最近的节点交换机相连。但到了二十世纪七十年代中期，人们已认识到不可能仅使用一个单独的网络来满足所有的通信问题，于是 ARPA 开始研究多种网络互联的技术，这就产生了互联网。这样的互联网是现在因特网的雏形。1983 年 TCP/IP 协议成为 ARPANET 之后的标准协议，使所有使用 TCP/IP 协议的计算机都能利用互联网相互通信，因而人们把 1983 年作为因特网的诞生时间。1990 年 ARPANET 正式宣布关闭。

（二）第二阶段：建立三级结构的因特网

从 1985 年起，美国国家科学基金会（National Science Foundation，NSF）围绕 6 个大型计算机中心建设计算机网络及国家科学基金网 NSFNET。NSFNET 是一个三级计算机网络，分为主干网、地区网、校园网或企业网。这种三级计算机网络覆盖了全美国主要的大学和研究所，并且成为因特网的主要组成部分。1991 年，NSF 和美国的其他政府机构开始认识到有必要扩大因特网的使用范围，不应仅限于大学和研究机构。世界上许多公司介入因特网，使网络上的通信量急剧增加，因特网的容量已满足不了需要，于是美国政府决定将因特网的主干网转交给私人公司来经营，并开始对接入因特网的单位收费。1992 年英超网上的主机超过 100 万台，1993 年因特网主干网的速率提高到了 45Mb/s。

（三）第三阶段：逐渐形成了多层次 ISP 结构的因特网，因特网走向普通大众

从 1994 年开始，由美国政府资助的 NSFNET 逐渐被若干个商用的因特网主干网替

代，而政府机构不再负责因特网的运营，这样就出现了一个新的名词——因特网服务提供者（Internet Service Provider，ISP）。在许多情况下，因特网服务提供者 ISP 就是一个进行商业活动的公司，因此，ISP 又常译为因特网服务提供商。ISP 拥有从因特网管理机构申请到的多个 IP 地址，同时拥有通信线路及路由器等联网设备，因此任何机构和个人只要向 ISP 交纳规定的费用，就可以从 ISP 得到 IP 地址，并通过该 ISP 接入因特网。通常所说的上网就是指通过某个 ISP 接入因特网，因为 ISP 向连接到因特网的用户提供了 IP 地址。IP 地址的管理机构不会把单个的 IP 地址分配给单个用户，而是把一批 IP 地址有偿分配给经审查合格的 ISP。由上可知，现在的因特网不是某个单个组织所独有，而是全世界无数 ISP 所共同拥有。例如，我国的中国电信网、中国移动互联网和中国联通互联网等都是 ISP。

第二节　通过互联网获取信息

互联网的一个主要功能就是共享资源和信息。在当今时代，利用互联网来获取需要的资源、信息和素材，可以极大地提高工作和学习效率，因此，有必要了解和学习如何通过互联网来获取信息。

一、综合搜索

在互联网上搜索信息最直接的方式就是通过搜索引擎，对于中国用户来说，最著名的搜索引擎莫过于百度搜索。除了百度搜索，还可以使用搜狗搜索、360 搜索等。下面介绍使用百度搜索来检索需要的信息的方法。

第一步，打开浏览器，在地址栏输入百度网址"www.baidu.com"，按下 Enter 键，进入百度首页。

第二步，在搜索文本框中输入要搜索的内容。

第三步，单击"百度一下"按钮。

但这样搜索出来的信息量非常庞大，为了提高搜索效率，应该从两个方面来提高搜索的精确度：输入更加精确的搜索内容，通过设置搜索的条件来对搜索的结果进行筛选。

如果在搜索时明确地知道要搜索的资源是什么类型的，也可以直接在搜索框中输入搜索的类型，或者选择搜索的类型。

二、垂直搜索

前面介绍的搜索方式是一种综合搜索的方式，综合搜索的优点是能最大范围地搜索到符合搜索内容的所有信息，不会有遗漏，但这样也大幅增加了筛选信息的难度，效率不高。如果要搜索的内容比较具体和清晰，那么应该使用垂直搜索。通常来说，除非想要搜索的内容极其模糊，否则都应该使用垂直搜索。

垂直搜索用得很多，如电视剧、电影一般会直接在腾讯视频、爱奇艺、优酷、B站等视频网站搜索，图片会在百度图片中搜索；火车时刻表会在12306网站中搜索。垂直搜索就是只搜索某一特定类型、某一特定领域的信息，或者具有某种特征的信息。

接下来了解几类信息的垂直搜索。

（一）电子书的搜索

通过读书获取系统性的知识在这个知识碎片化的时代尤为重要，但是借书麻烦，买书太贵，因此，应该学会搜索优质的免费电子书。

在校的学生搜索电子书，首选学校图书馆的数据库，多数学校图书馆都购买了电子书数据库，如超星、京东读书等，图书馆网站上都有链接和操作说明。这些数据库一般都提供App，可以直接通过互联网访问进行搜索和借阅。

除此之外，也可以在免费电子书网站上搜索，下面介绍几个免费的电子书网站。

第一个是古腾堡，一个全球知名的免费电子书平台。不过古腾堡是英文网站，主要用来搜索外文电子书。

第二个是世界数字图书馆（https：//www.wdl.org），不仅可以查电子书，还可以查珍贵的地图、手抄本、影片、照片等，完全免费。

第三个是查中文电子书的神器——鸠摩搜索（https：//www.jiumodiary.com）。

在浏览器中输入网址，进入网站主页，在搜索框内输入搜索内容进行搜索即可。

（二）网盘搜索

目前网上进行资源分享的主要方式是云盘。实际上，别人把资源放在云盘中，就相当于经过了一次人工筛选和整理，而把云盘中的东西公开分享出来，又是一次筛选。云盘中公开分享的资源质量相对比较高，并且云盘中的资源下载一般比较稳定，存入云盘并公开分享的资源非常丰富，所以云盘中的资源值得关注。因此，很有必要学会另外一种垂直搜索方式——网盘搜索。

网盘搜索有很多种，比如小白盘、盘收、凌风云搜索、盘多多等，功能大同小异。同时，可以对网盘搜索的结果进行再次筛选，可以根据自己的需要进行设置。

（三）搜索微信／知乎

微信公众号中的文章一般实用性较强，知乎中一个问题有很多人深度回答，内容质量比较高，比如想知道有哪些好用的网盘搜索，在微信或知乎中搜索比较靠谱。微信内置搜索，但必须在手机上进行，如果要在电脑上搜索微信和知乎，推荐使用搜狗搜索引擎。搜狗搜索引擎自带搜狗搜微信和搜狗搜知乎的功能。

登录搜狗搜索引擎首页，在左上角选择"微信"或者"知乎"，系统就会跳转到搜狗搜微信或搜狗搜知乎的界面。在搜索栏中输入要搜索的内容，按 Enter 键后会找到来自微信公众平台或者知乎的大量相关文章。

（四）数据搜索

数据搜索是为了解决问题，人们的工作、学习和生活都离不开数据的支撑。例如，要在网上买一本书，怎么样才能快速找到最低价？做市场调研、写方案时，想要了解某个行业的数据，应该怎么找？写英文作文、翻译时，不知道词语搭配怎么办？这些问题都可以通过数据搜索来寻求答案。

1. 比价搜索

比价搜索其实就是同款商品找最低价。同一款商品在不同的电商网站中往往价格有差异，并且有时候差异还不小。在不同的平台找同款商品的最低价，这是横向比价。与之对应的是纵向比价，指的是同一款商品在不同时期的价格数据对比，这有助于发现商品现在的价格状态，以确定购买时机。

2. 统计数据搜索

市场调研、科学研究都离不开统计数据，统计数据的获取有各种途径，官方的统计数据是首选。

国家统计局网站（http：//www.stats.gov.cn）不仅提供数据查询，还可以通过导航的方式查找数据，同时提供《中国统计年鉴》的在线浏览。

国家统计局提供全国性及较为宏观的地区行业数据，可以在各省统计局网站查找，一般都能找到。

每个国家都有类似的统计机构，在这些机构的网站上一般都能找到本国的统计数据或者数据查询的链接。

全球性的统计数据可以从世界银行、国际货币基金组织、联合国、经合组织等一些国际性组织的网站上查找。特别是世界银行，不仅可以在线查，还提供图表化的对比分析。

（五）图片搜索

1. 以图识图

在做 PPT 或做设计时，经常会遇到这样的问题：一张合适的图片，但分辨率太低，人为放大会出现马赛克和锯齿，这时就需要用以图识图的搜索方式来搜索高清大图。打开百度图片，上传小图或者直接复制小图的网址，有较大的可能找到这种小图的高分辨率大图。如果找不到高清大图，还可以通过 Photoshop 等图像编辑软件进行无损放大。

有时在网上找到一张好图，但发现这张图明显属于一个系列，而现在只找到了一个系列中的一张，那么怎样才能找到其他同系列的图片呢？同样的，使用搜索引擎的识图功能进行识图，但国内的搜索引擎可能无法找到来自国外的图片。因此，遇到这种情况时，可以使用国外的搜索引擎进行识图，如 yandex、Google 和 tineye 等。

2. 无版权图片搜索

在网上搜索的图片，如果是商用，一定要关注版权问题。CCO 协议也就是版权共享协议的基本理念是创作者把作品的版权共享给全世界，自己不再持有版权。互联网上的 CCO 图库很多，在搜索图片时，最好使用 CCO 图库。这里推荐使用 UnSplash(www. unsplash.com) 和 Pixabay(https : //pixabay.com)。

（六）音乐音效搜索

在做 PPT 时，动画配合一些声音特效会让 PPT 更出色；在录制抖音时，在适当的时候插入一些声音特效会让视频更吸引人。所以音效素材还是比较有用的，关键是能想到用这些资源。这些音效在哪里找呢？还是之前强调过的，首选专业的资源系统，那么专业的音效资源系统在哪儿呢？用搜狗的微信搜索，输入关键词"音效资源"，按 Enter 键后可以找到很多音效资源推荐。根据推荐打开专业音效网站，搜索需要的音效。

生活中搜索比较多的应该是音乐，走在大街上突然听到一段优美的旋律，很想下载到自己的手机上做铃声，但不知道是什么曲子，也没有歌词。没有歌词，就无法搜索，这时必须借助听音识曲，手机上的音乐 App 基本都有这个功能。

（七）视频搜索

视频资源是最常用的资源之一，影视资源可以到各大视频网站搜索，如爱奇艺、优酷和 B 站等；教学类的视频资源可以到中国大学慕课网、网易公开课、百度传课、我爱自学网等网站搜索。

如果需要的资源无法通过以上方式搜索到，可以通过以下几种方式搜索：

第一种方式：使用视频搜索引擎进行搜索，如茶狐杯（https：//www.cupfox.com）、疯狂影视搜索（http：//www.ifkdy.com）等。

第二种方式：使用磁力链网站搜索，如磁力猫、BT 磁力链等。

第三节　管理电子邮件

电子邮件是一种用电子手段提供信息交换的通信方式，是互联网应用最广的服务之一。通过网络的电子邮件系统，用户可以以非常低廉的价格（不管发送到哪里，都只需负担网费）、非常快速的方式（几秒钟之内可以发送到世界上任何指定的目的地），与世界上任何一个角落的网络用户联系。

电子邮件可以是文字、图像、声音等多种形式。同时，用户可以得到大量免费的新闻、专题邮件，并实现轻松的信息搜索。电子邮件的存在极大地方便了人与人之间的沟通与交流，促进了社会的发展。

电子邮件有以下优点：

第一，邮件是一种延时互动，因此是一种全天候的交流工具。

第二，存档／回顾。尤其是基于回复和对话的存档／回顾，是深度思考和交流的根本。

第三，电子邮件存储在电子邮箱中，永久有效。对于工作中的交流，一定要留下记录，这些记录需要"可搜索、不可否认"。

第四，电子邮件具有全世界通用的协议。电子邮件用户可以给任何邮箱用户发送电子邮件，甚至可以使用任何一种邮件的客户端，以任何一种方式去查看邮件。

因此，在日常工作中，电子邮件是必不可少的通信方式。熟练掌握和使用电子邮件是未来就业必备的基础技能。

一、注册电子邮箱

电子邮箱是通过网络电子邮局为网络客户提供的网络交流的电子信息空间。电子邮箱具有存储和收发电子信息的功能，是因特网中重要的信息交流工具。在网络中，电子邮箱可以自动接收网络任何电子邮箱所发的电子邮件，并能存储规定大小的多种格式的电子文件。电子邮箱具有单独的网络域名，在 @ 后标注其电子邮局地址。所以，要发送电子邮件，必须先注册一个属于自己的电子邮箱。

邮件服务商主要分为两类：一类针对个人用户提供个人免费电子邮箱服务，另一类针对企业提供付费企业电子邮箱服务。

作为个人用户，注册个人免费邮箱即可。国内的免费邮箱种类繁多，使用较多的有 126 邮箱、163 邮箱和 QQ 邮箱等。

腾讯的 QQ 邮箱可以直接使用 QQ 登录，并且可以在 QQ 客户端上直接打开进入，无须注册即可使用。

网易邮箱是国内最大的邮件服务商，这里以注册一个网易 126 免费邮箱为例：

在浏览器地址栏输入网易邮箱的网址 https : //email.163.com，按 Enter 键跳转到网易免费邮箱的页面，选择 126 免费邮箱，鼠标单击去注册。

二、邮件管理操作

登录邮箱后，单击菜单按钮即可进行相应操作。

单击"写信"，进入写信页面，按要求编辑邮件内容后即可发送邮件。

单击"收信"，进入收信页面，可查看收到的邮件并对已接收的邮件进行标记、分类、移动举报、删除等操作。

单击"红旗邮件""代办邮件""智能标签""星标联系人邮件"，可以查看相应标记的邮件，并可对邮件进行操作。

单击"草稿箱"，可查看放入草稿箱的邮件，并可进行操作。

单击"已发送",可查看已发出的邮件,并可进行删除、标记、移动等操作。单击"订阅邮件",可查看已订阅的邮件,并可进行删除、标记、移动等操作。

单击"已删除""广告邮件""垃圾邮件""客户端删信",可查看已删除、被标记为广告邮件和垃圾邮件的邮件,并进行恢复、彻底删除、移动等操作。

单击"其他7个文件夹"右侧的"+"按钮,可添加文件夹,如"重要工作文件"和"收藏邮件"是由用户自定义添加的文件夹,并可设置访问密码。

单击"其他7个文件夹"右侧的按钮,可进入"设置"界面,设置和管理文件夹。单击"推广邮件",可查看已收到的推广邮件,并可进行删除、标记、移动等操作。下面主要对"收信""写信"的界面操作进行说明。

(一)写信

(1)完成邮件并编辑后,单击"发送"按钮,完成邮件的发送。

(2)在编辑完邮件后,可单击"预览"按钮查看收件人将看到的邮件内容。

(3)编辑完成或部分编辑邮件后,可单击"存草稿",将邮件存入草稿箱。

(4)必须正确填写邮件地址,否则无法发送。

(5)编辑邮件的主题。

(6)单击"添加附件",可选择上传的附件文件,文件大小不能超过3GB。

(7)可对编辑的邮件内容中的文本的字体、字号、颜色、对齐方式等进行设置,还可以插入图片、图形和声音等。

(8)输入和编辑邮件内容。

(9)单击"更多发送选项",可勾选和设置"紧急""已读回执""邮件存证""纯文本""定时发送""邮件加密""保存到有道云笔记"。

(二)收信

进入收信页面,已查收的邮件会按照最近使用的顺序进行罗列,单击邮件可查看邮件内容。

(1)勾选邮件进行操作,可单选、多选或全选邮件。

(2)单击旗帜按钮,将邮件标记为红旗邮件。

(3)对邮件进行标记、移动、导出和排序操作。

(4)单击旗帜,新建和管理标记;单击时钟,将邮件设置为待办邮件;单击垃圾桶,删除邮件。

（5）单击"全部设为已读"，将所有勾选的邮件变成已读邮件。

（6）单击日历，可查看指定日期的邮件；单击页码，可选择页码查看邮件。

（7）单击右方向键，查看下一页的邮件；单击左方向键，查看上一页的邮件。

（8）单击齿轮，可设置列表间距、每页显示邮件数量等。

（三）邮箱客户端

电子邮件具有全世界通用的协议，因此很多邮件服务商开发出了桌面端或移动端（App）的邮件管理软件，并且允许用户登录任意电子邮件账号进行操作。例如，用户可以在网易邮箱大师（网易的邮箱客户端）上登录自己的 126 邮箱账号、163 邮箱账号、yeah 邮箱账号，也可以登录其他邮件服务商的邮箱账号。

不同的邮件服务商都开发了邮箱客户端。Win10 操作系统也内置了邮件管理的应用，Office 办公软件中的 Outlook 也是一种邮箱客户端，网易、腾讯等公司也开发有免费使用的邮箱客户端。

百度搜索"网易邮箱大师"，打开官网，下载 Windows 版本，并按照提示安装。

安装完成后，使用邮箱大师账号登录，或者添加邮箱，使用已有的任意邮箱账号登录。为了方便对所有邮件的管理，建议注册网易邮箱大师账号并登录。

使用邮箱客户端可方便管理用户的所有邮箱账号。网易邮箱在手机移动端也有相应的邮箱客户端的 App，能在手机上方便地管理和操作用户的邮箱和电子邮件。

第四节　计算机网络安全

网络安全是指网络系统的硬件、软件及其系统中的数据受到保护，不因偶然的或者恶意的原因而遭受到破坏、更改、泄露，系统连续、可靠、正常地运行，网络服务不中断。

计算机网络安全问题主要体现在：自然灾害、意外事故；计算机犯罪；人为行为，如使用不当、安全意识差等；"黑客"行为，如非法访问、计算机病毒、非法连接等；内部泄密；外部泄密；信息丢失；电子谍报，如信息流量分析、信息窃取等；网络协议中的缺陷，如 TCP/IP 协议的安全问题等。

对于个人用户来说，计算机网络安全的威胁主要体现在两个方面：个人信息安全威胁和计算机恶意程序威胁。

一、个人信息安全

个人信息主要包括以下类别：

（一）基本信息

为了完成大部分网络行为，消费者会根据服务商要求提交包括姓名、性别、年龄、身份证号码、电话号码、E-mail 地址及家庭住址等在内的个人基本信息，有时甚至会包括婚姻、信仰、职业、工作单位、收入等相对隐私的个人基本信息。

（二）设备信息

设备信息主要是指消费者所使用的各种计算机终端设备（包括移动和固定终端）的基本信息，如位置信息、Wi-Fi 列表信息、MAC 地址、CPU 信息、内存信息、SD 卡信息、操作系统版本等。

（三）账户信息

账户信息主要包括网银账号、第三方支付账号、社交账号和重要邮箱账号等。

（四）隐私信息

隐私信息主要包括通讯录信息、通话记录、短信记录、IM 应用软件聊天记录、个人视频、照片等。

（五）社会关系信息

社会关系信息主要包括好友关系、家庭成员信息、工作单位信息等。

（六）网络行为信息

网络行为信息主要是指上网行为记录，消费者在网络上的各种活动行为，如上网时间、上网地点、输入记录、聊天交友、网站访问行为、网络游戏行为等个人信息。

随着互联网应用的普及和人们对互联网的依赖，个人信息受到极大的威胁。恶意程序、各类钓鱼软件继续保持高速增长；同时，黑客攻击事件频发，与各种网络攻击大幅增长相伴的，是大量网民个人信息的泄露与财产损失的不断增加。

在日常生活中，应注意以下几点：

（1）尽量不使用公共场所的 Wi-Fi。对于黑客来说，公共场合的 Wi-Fi 极容易侵入，这也意味着个人信息将暴露在黑客的视线下。

（2）尽量访问具备安全协议的网址。建议尽量登录网址前缀中带有 "https："字样的网站，具备这种安全协议的网址的安全性较高。

（3）不同软件尽量不要使用同一组账号和密码。黑客常常会购买带有大量个人信息的数据库进行"撞库"，因此设置多组账号和密码可以防止黑客侵入下一个账户，及时止损。

（4）妥善处置快递单等包含个人信息的单据。对于含有姓名、电话、住址等信息的单据凭证，要及时销毁，即使是不经意扔掉，也可能导致个人信息泄露。

二、计算机恶意程序的防护

恶意程序通常是指带有攻击意图所编写的一段程序。这些威胁可以分为两个类别：需要宿主程序的威胁和彼此独立的威胁。前者基本上是不能独立于某个实际的应用程序、实用程序或系统程序的程序片段，后者是可以被操作系统调度和运行的自包含程序。

也可以将这些软件威胁分成不进行复制工作的和进行复制工作的。前者是一些当宿主程序调用时被激活起来完成一个特定功能的程序片段；后者由程序片段（病毒）或者由独立程序（蠕虫、细菌）组成，在执行时可以在同一个系统或某个其他系统中产生自身的一个或多个以后被激活的副本。

（一）计算机恶意程序的分类

病毒是一种攻击性程序，采用把自己的副本嵌入其他文件中的方式来感染计算机系统。当被感染文件加载进内存时，这些副本就会执行，去感染其他文件，如此不断进行下去。病毒常具有破坏性作用，有些是故意的，有些则不是。

计算机病毒（Computer Virus）是编制者在计算机程序中插入的破坏计算机功能或者数据的代码，能影响计算机使用，能自我复制的一组计算机指令或者程序代码。

计算机病毒具有传播性、隐蔽性、感染性、潜伏性、可激发性、表现性或破坏性。计算机病毒的生命周期：开发期→传染期→潜伏期→发作期→发现期→消化期→消亡期。

计算机病毒是一个程序，一段可执行码，就像生物病毒一样，具有自我繁殖、互相传染及激活再生等生物病毒特征。计算机病毒有独特的复制能力，它们能够快速蔓延，又常常难以根除。它们能把自身附着在各种类型的文件上，当文件被复制或从一个用户传送到另一个用户时，它们就随同文件一起蔓延开来。

从广义上来说，这些恶意程序都称为计算机病毒。

恶意程序主要包括陷门、逻辑炸弹、特洛伊木马、蠕虫、细菌、病毒等。

1. 陷门

计算机操作的陷门设置是指进入程序的秘密入口，它使知道陷门的人可以不经过通常的安全检查访问过程而获得访问。

2. 逻辑炸弹

在病毒和蠕虫之前，最古老的程序威胁之一是逻辑炸弹。逻辑炸弹是嵌入某个合法程序里面的一段代码，被设置成当满足特定条件时就会发作，也可理解为"爆炸"。它具有计算机病毒明显的潜伏性。一旦触发，逻辑炸弹的危害性可能改变或删除数据或文件，引起机器关机或完成某种特定的破坏工作。

3. 特洛伊木马

特洛伊木马是一个有用的或表面上有用的程序或命令过程，包含了一段隐藏的、激活时进行某种不想要的或者有害的功能的代码。它的危害性是可以用来非直接地完成一些非授权用户不能直接完成的功能。

4. 蠕虫

网络蠕虫程序是一种使用网络连接从一个系统传播到另一个系统的感染病毒程序。一旦这种程序在系统中被激活，网络蠕虫可以表现得像计算机病毒或细菌，或者可以注入特洛伊木马程序，或者进行任何次数的破坏或毁灭行动。

（二）计算机病毒的传播方式

计算机病毒主要通过移动存储设备和网络进行传播。

1. 移动存储设备传播

如通过可移动式磁盘包括 CD-ROM、U 盘和移动硬盘等进行传播。

盗版光盘上的软件和游戏及非法拷贝是传播计算机病毒的主要途径。随着大容量可移动存储设备如 Zip 盘、可擦写光盘、磁光盘（MO）等的普遍使用，这些存储介质也将成为计算机病毒寄生的场所。

硬盘是数据的主要存储介质，因此也是计算机病毒感染的重灾区。

2. 网络传播

网络是由相互连接的一组计算机组成的，这是数据共享和相互协作的需要。组成网络的每一台计算机都能连接其他计算机，数据也能从一台计算机发送到其他计算机上。

如果发送的数据感染了计算机病毒，接收方的计算机将自动被感染，因此，有可能在很短的时间内感染整个网络中的计算机。例如，访问某些不安全的网页、下载不安全的文件、通过聊天软件和电子邮件等方式传播。

（三）计算机病毒的预防

（1）不安装来历不明的软件，不随意访问不安全的网站，不下载来历不明的文件。

（2）安装真正有效的防毒软件，并经常进行升级。

（3）使用 U 盘等移动存储工具时，要先使用查毒软件进行检查，未经检查的可执行文件不能拷入硬盘，更不能使用。

（4）将硬盘引导区和主引导扇区备份下来，并经常对重要数据进行备份。

三、常用的计算机安全防护软件

杀毒软件，也称反病毒软件或防毒软件，是用于清除电脑病毒、特洛伊木马和恶意软件等计算机威胁的一类软件。

杀毒软件通常集成监控识别、病毒扫描和清除、自动升级、主动防御等功能，有的杀毒软件还带有数据恢复、防范黑客入侵、网络流量控制等功能，是计算机防御系统（包含杀毒软件、防火墙、特洛伊木马和恶意软件的查杀程序、入侵预防系统等）的重要组成部分。

杀毒软件是一种可以对病毒、木马等一切已知的对计算机有危害的程序代码进行清除的程序工具。"杀毒软件"是由国内的老一辈反病毒软件厂商起的名字，后来由于和世界反病毒业接轨，统称为"反病毒软件""安全防护软件"或"安全软件"。集成防火墙的"互联网安全套装""全功能安全套装"等用于清除电脑病毒、特洛伊木马和恶意软件的一类软件，都属于杀毒软件范畴。

目前，大部分的计算机安全防护软件都是免费的，主要的品牌有 360 安全卫士、360 杀毒、卡巴斯基、Defender、诺顿、腾讯管家、金山毒霸等。

（一）360 安全卫士

360 安全卫士是一款由奇虎 360 公司推出的功能强、效果好、受用户欢迎的安全杀毒软件。360 安全卫士拥有查杀木马、清理插件、修复漏洞、电脑体检、电脑救援、保护隐私、电脑专家、清理垃圾、清理痕迹多种功能。

360 安全卫士独创了"木马防火墙""360 密盘"等功能，依靠抢先侦测和云端鉴别，可全面、智能地拦截各类木马，保护用户的账号、隐私等重要信息，使用起来也相对简单，适合一般用户使用。

（二）360 杀毒

360 杀毒是 360 安全中心出品的一款免费的云安全杀毒软件。它创新性地整合了五大领先查杀引擎，包括国际知名的 BitDefender 病毒查杀引擎、Avira（小红伞）病毒查杀引擎、360 云查杀引擎、360 主动防御引擎及 360 第二代 QVM 人工智能引擎。

360 杀毒具有查杀率高、资源占用少、升级迅速等优点。零广告、零打扰、零胁迫，一键扫描，快速、全面地诊断系统安全状况和健康程度，并进行精准修复，带来安全、专业、有效、新颖的查杀防护体验。其防杀病毒能力得到多个国际权威安全软件评测机构的认可，荣获多项国际权威认证。

四、互联网行为规范

互联网大大提高了传递信息和搜索信息的效率，已成为信息社会的基本工具，与此同时，网络文明和网络安全问题也越来越多地受到人们的关注。

目前，网络行为已经属于法律管理的范围，因此，上网时应遵守以下行为规范：

（1）严格遵守《中华人民共和国计算机信息网络国际联网管理暂行规定》《互联网信息服务管理办法》等国家法律法规，执行计算机网络安全管理的各项规章制度。

（2）自觉遵守有关保守国家机密的各项法律规定，不泄露党和国家机密，不传送有损国格、人格的信息。

（3）禁止在网络上从事违法犯罪活动。

（4）不得发表任何诋毁国家、政府、党的言论。

（5）不得擅自复制和使用网络上未公开和未授权的文件。

（6）网络上所有资源的使用应遵循知识产权的有关法律法规。不利用网络盗窃别人的研究成果和受法律保护的资源，不得在网络中擅自传播或拷贝享有版权的软件，不得销售免费共享的软件。

（7）不得使用软件的或硬件的方法窃取他人口令，不得非法入侵他人计算机系统，不得阅读他人文件或电子邮件，不得滥用网络资源。

（8）不制造和传播计算机病毒等破坏性程序。

（9）禁止破坏数据、网络资源，或其他恶作剧行为。

（10）不在网络上接收和散布有害信息。

（11）不浏览不良网站。

（12）不捏造或歪曲事实、散布谣言、诽谤他人，不发布扰乱社会秩序的不良信息。

（13）要善于网上学习，不浏览不良信息；要诚实友好地交流，不侮辱欺诈他人；要增强自我防护意识，不随意约会网友；要维护网络安全，不破坏网络秩序；要做有益于身心健康的活动，不沉溺于虚拟时空。

第四章　数据库技术与应用

第一节　数据库技术相关概念

在计算机的三大主要应用领域（科学计算、过程控制和数据处理）中，数据处理所占比例最大，而数据库技术则是数据处理的最新技术。数据库技术已经成为各行各业存储数据、管理信息、共享资源最先进、最常用的技术。在数据处理中，通常涉及以下相关概念。

一、信息、数据的概念

数据处理中，信息和数据是最常用的两个基本概念。

（一）信息

信息是客观存在的，是人脑对现实世界事物的存在方式、运动状态以及事物之间联系的抽象反映。人们有意识地对信息进行采集并加工、传递，形成各种消息、情报、指令、数据和信号等。

信息源于物质和能量，信息的传递需要通过物质载体，信息的获取和传递需要消耗能量；信息是可以通过视觉、听觉等各种感官进行感知的；信息可以被存储、加工、传递和再生。

（二）数据

数据是数据库中存储的基本对象。数据是用来记录信息的可识别的符号组合，是信息的具体表现形式。例如，一个学生的信息可以用一组数据"S20150100001，刘宇，男，17，软件工程"来表示。

数据的表现形式是多样的，可以用多种不同的数据形式表示同一个信息。比如，20%和百分之二十表达的信息是一致的。

由于早期的计算机系统主要用于科学计算，处理的数据都基本是整数、浮点等数值型数据，因此数据在人们头脑中第一反应是数字，其实数字只是数据最简单的一种形式。在现代计算机系统中数据的种类非常丰富，如文本、图像、音频、视频等都是数据。

数据处理是将数据转换成信息的过程。而数据处理中，通常计算比较简单，但数据的管理比较复杂。数据管理是指数据的收集、分类、组织、编码、存储、维护、检索和传输等操作。

二、数据管理技术的发展

数据处理的中心问题是数据管理。根据数据管理手段、数据库技术的发展可以划分为三个阶段：人工管理阶段、文件系统阶段和数据库系统阶段。

（一）人工管理阶段

20 世纪 40 年代至 50 年代中期，计算机外部设备只有磁带机、卡片机和纸带穿孔机，而没有直接存取的磁盘设备，也没有操作系统，只有汇编语言，计算机主要用于科学计算，数据处理采取批处理的方式，被称为人工管理数据阶段。

这个阶段的特点是数据不保存，数据面向某一应用程序，数据无共享、冗余度极大；数据不独立，完全依赖于程序；数据无结构，应用程序自己控制数据。

（二）文件系统阶段

从 20 世纪 50 年代中期到 60 年代中期，计算机不仅用于科学计算，同时也开始用于信息处理，硬件方面有了很大改进，出现了磁盘、磁鼓等直接存储设备。软件方面出现了高级语言和操作系统，且操作系统中出现了专门的数据管理软件。

这个阶段数据以文件形式可长期保存下来，由文件系统管理数据。文件形式多样化，程序与数据间有一定独立性。由专门的软件即文件系统进行数据管理，程序和数据间由软件提供的存取方法进行转换，数据存储发生变化不一定影响程序的运行。

这个阶段仍存在明显缺陷，数据冗余度大，数据一致性差。

（三）数据库系统阶段

进入 20 世纪 60 年代，计算机软件、硬件技术得到了飞速发展。1969 年 IBM 公司研发的层次性信息管理系统（IMS 系统）、美国数据系统语言协会发布的数据库任务组关于网状数据库的报告以及 1970 年 IBM 公司的研究员 E.F.Codd 在发表的论文《大型共享数据库数据的关系模型》中提出的"关系模型"是数据库技术发展史上具有里程碑意义的重大事件。这些研究成果大大促进了数据库管理技术的发展和应用。

这个阶段数据高度结构化；使用规范的数据模型表示数据结构，数据不再针对某一项应用，而是面对系统整体，应用程序可通过数据库管理系统（DBMS）访问数据库中所有数据；具有较小的数据冗余，共享性高，数据与应用程序相互独立，通过 DBMS 进行数据安全性和完整性控制。数据库管理系统（DBMS）可以有效地防止数据库中的数据被非法使用或修改。对于完整性控制，DBMS 提供了数据完整性定义方法和进行数据完整性检验的功能。数据管理三个阶段的比较如表 4-1 所示。

表 4-1 数据管理三个阶段的比较

	人工管理	文件系统	数据库系统
应用领域	科学计算	科学计算、管理	大规模管理
硬件需求	无直接存取存储设备	磁盘、磁鼓	大容量磁盘
软件需求	没有操作系统	文件系统	数据库管理系统
数据共享	无共享，冗余度极大	共享性差，冗余大	共享性高，冗余度小
数据独立性	不独立，完全依赖于程序	独立性差	具有高度的物理独立性和逻辑独立性
数据结构化	无结构	记录内有结构，整体无结构	整体结构化，用数据模型描述
数据控制能力	应用程序自己控制	应用程序自己控制	由数据库管理系统提供数据安全性、完整性、并发控制和恢复能力

三、数据库系统的组成

数据库系统（Data Base System，DBS）是指采用数据库技术的计算机系统。数据库系统一般由数据库、计算机软件系统、计算机硬件系统和用户构成。数据库系统常被简称为数据库。

（一）数据库

数据库（DB）是存储在计算机内、有组织的、可共享的数据和数据对象的集合，并按一定的数据模型组织、描述并长期存储，同时能以安全和可靠的方法进行数据的检索和存储。

（二）软件系统

软件系统主要包括数据库管理系统（DBMS）及其应用开发工具，应用系统和操作系统。数据库系统的各种用户和应用程序等对数据库的各类操作请求，都必须通过 DBMS 完成。DBMS 是数据库系统的核心软件。

（三）硬件系统

硬件系统指存储和运行数据库系统的硬件设备，包括内存、CPU、存储设备、输入 / 输出设备和外部设备等。

（四）用户

用户是指使用数据库的人，可以对数据库进行存储、维护和检索等操作，包括最终用户、应用程序员和数据库管理员。

四、数据库管理系统

在大量的数据中如何快速找到所需要的数据，并能对庞大的数据库进行日常维护，这就需要使用数据库管理系统（Data Base Management System，DBMS）。这个系统是一种操纵和管理数据库的大型软件，用于建立、使用和维护数据库。它对数据库进行统一的管理和控制，以保证数据库的安全性和完整性。用户通过 DBMS 访问数据库中的数据，数据库管理员也通过 DBMS 进行数据库的维护工作。它可使多个应用程序和用户用不同的方法在同时或不同时刻去建立、修改和询问数据库。

大部分 DBMS 提供数据定义语言 DDL（Data Definition Language）、数据操作语言 DML（Data Manipulation Language）和数据控制语言 DCL（Data Control Language）供用户定义数据库的模式结构与权限约束，实现对数据的追加、删除等操作。

数据库管理系统是位于用户与操作系统之间的一层数据管理软件，主要功能是为用户或应用程序提供访问数据库的方法。

目前，常用的数据库管理系统有 Oracle、SQL Server、MySQL、DB2、Sybase 等。

五、三个世界及相关概念

由于计算机不能直接处理现实世界中的具体事物及其联系，为了利用数据库技术管理和处理现实世界中的事物及其联系，必须将这些具体事物及其联系转换成计算机能够处理的数据。

（一）现实世界

现实世界即客观存在的世界。现实世界中存在着各种事物及事物之间的联系，每个事物都有它自身的特征或性质，人们总是选择感兴趣的最能表示一个事物的若干特征来描述该事物。例如，要描述一种商品，常选用商品编号、名称、类型、型号、库存量、单价等来描述。通过这些特征，就能区分不同的商品。在现实世界中，事物之间也是相互联系的，但人们通常只选择感兴趣的联系。

（二）信息世界

信息世界是将现实世界的事物及事物间的联系经过分析、归纳和抽象，形成信息。人们再将这些信息进行记录、整理、归类和格式化，就构成了信息世界。实体、属性、实体型、码、域、联系均属于信息世界的概念。

1. 实体

实体（Entity）是一个数据对象，指应用中客观存在并可相互区别的事物。实体可以为具体的人、事、物，如一个客户、一种商品、一本书等；也可以是抽象的事件，如一场比赛、一次订购商品等。

2. 属性

实体所具有的某一特性称为属性（Attribute）。一个实体可以由若干个属性共同来刻画。例如，客户有编号、姓名、性别、地址、电话等属性。在一个实体中，唯一标识实体的属性集称为码。例如，客户的编号就是客户实体的码，而客户实体的姓名属性有可能重名，则不能作为客户实体的码。属性的取值范围称为该属性的域。

3. 联系

现实世界中事物内部以及事物之间的联系在信息世界中反映为实体内部的联系和实体之间的联系。实体内部的联系通常是指组成实体的各属性之间的联系，实体之间的联系通常是指不同实体集之间的联系，可分为两个实体型之间的联系以及两个以上实体型之间的联系。

两个实体型之间的联系可以分为以下三种类型：

（1）一对一联系（1∶1）

若对于实体集 A 中的每一个实体，实体集 B 中至多有一个实体与之对应，反之，实体集 B 中的每一个实体，实体集 A 中也至多有一个实体与其对应，则称实体集 A 和实体集 B 具有一对一的联系，记为 1∶1。

（2）一对多联系（1∶n）

若对于实体集 A 中的每一个实体，实体集 B 中有 n 个实体（n≥0）与之相对应，反之，实体集 B 中的每一个实体，实体集 A 中至多只有一个实体与其对应，则称实体集 A 和实体集 B 具有一对多的联系，记为 1∶n。

（3）多对多联系（m∶n）

若对于实体集 A 中的每一个实体，实体集 B 中有 n 个实体（n≥0）与之相对应，反之，对于实体集 B 中的每一个实体，实体集 A 中也有 n 个实体（n≥0）与之相对应，则称实体集 A 和实体集 B 具有多对多的联系，记为 m∶n。

（三）计算机世界

计算机世界是信息世界中信息的数据化，就是将信息用字符和数值等数据表示，便于存储在计算机中并由计算机进行识别和处理。在计算机世界中，常涉及的概念有以下几个：

1. 字段（Field）

标记实体属性的命名单位称为字段。每张表中包含很多字段。字段和信息世界的属性相对应，字段的命名也经常和属性名相同。如客户有客户编号、姓名、性别、地址、邮编和电话等字段。

2. 记录（Record）

字段的有序集合称为记录。通常用一个记录描述一个实体。因此，记录也可以定义为能完整地描述一个实体的字段集。

3. 文件（File）

同一类记录的集合称为文件。文件是用来描述实体集的。例如，所有客户的记录组成了一个客户文件。

4. 关键字（Key）

能唯一标识文件中每个记录的字段或字段集，称为记录的关键字，或简称主键。例如，在客户文件中，客户编号可以唯一标识每一个客户记录，因此，客户编号可以作为客户记录的关键字。

在计算机世界中，信息模型被抽象为数据模型，实体型内部的联系抽象为同一记录内部各字段间的联系，实体型之间的联系抽象为记录与记录之间的联系。

六、数据模型

数据模型（Data Model）是数据特征的抽象，是数据库的框架，该框架描述了数据及其联系的组织方式、表达方式和存取路径，是数据库系统的核心和基础。数据模型的选择，是设计数据库时的一项首要任务。数据模型通常由数据库数据的结构部分、数据库数据的操作部分和数据库数据的约束条件三个要素组成。

根据模型应用的不同目的，可以将模型划分为两类，分别属于两个不同的抽象级别。第一类模型是概念模型，也称为信息模型。它是按用户的观点对数据和信息建模，是对实现世界的事物及其联系的第一级抽象，主要用于数据库设计。第二类模型是逻辑（或称数据模型）和物理模型。逻辑模型是按计算机的观点对数据建模，主要包括层次模型、网状模型、关系模型和面向对象模型。

层次模型和网状模型采用格式化的结构。在这类结构中实体用记录型表示，而记录型抽象为图的顶点。记录型之间的联系抽象为顶点间的连接弧。整个数据结构与图相对应。对应于树形图的数据模型为层次模型，对应于网状图的数据模型为网状模型。关系模型为非格式化的结构，用单一的二维表的结构表示实体及实体之间的联系。满足一定条件的二维表，称为一个关系。

（一）层次数据模型

层次数据模型表现为倒立的树，用户把层次数据库理解为段的层次。一个段（Segment）等价于一个文件系统的记录型。在层次数据模型中，文件或记录之间的联系形成层次。换句话说，层次数据库把记录集合表示成倒立的树结构。树可以被定义成一组结点，即有一个特别指定的结点称为根（结点），它是段的双亲，其他段都直接在它之下。其余结点被分成不相交的系并作为上面段的子女。每个不相交的系依次构成树和根的子树。树的根是唯一的。双亲可以没有、有一个或者有多个子女。层次模型可以表示两个实体之间的一对多联系，此时这两个实体被表示为双亲和子女关系。树的结点表示记录型。

层次数据库是企业在过去所使用的最老的数据库模型之一。由 IBM 公司和北美罗克韦尔公司共同研制的，用于大型机平台的信息管理系统是第一个层次数据库。在 20 世纪 70 年代和 80 年代的早期，IMS 是层次数据库系统的领头者。层次数据库模型是第一个体现数据库概念的商业化产品，它克服了计算机文件系统的内在缺陷。

层次模型简单高效，但很难实现多对多的联系，且缺乏灵活性。

（二）网状数据模型

网状模型中以记录为数据的存储单位，记录包含若干数据项。网状数据库的数据项可以是多值的和复合的数据。每个记录有一个唯一标识它的内部标识符，它在一个记录存入数据库时由 DBMS 自动赋予。

网状数据库是导航式数据库，用户在操作数据库时不但要说明做什么，还要说明怎么做。网状数据库模型对于层次和非层次结构的事物都能比较自然地模拟，在关系数据库出现之前，网状 DBMS 要比层次 DBMS 用得普遍。在数据库发展史上，网状数据库占有重要地位。

（三）关系数据模型

网状数据库和层次数据库已经很好地解决了数据的集中和共享问题，但是在数据独立性和抽象级别上仍有很大欠缺。用户在对这两种数据库进行存取时，仍然需要明确数据的存储结构，指出存取路径。而后来出现的关系数据库较好地解决了这些问题。

关系模型有严格的数学基础，抽象级别比较高，而且简单清晰，便于理解和使用。最终成为现代数据库产品的主流。

关系数据模型提供了关系操作的特点和功能要求，但不对 DBMS 的语言给出具体的语法要求。对关系数据库的操作是高度非过程化的，用户不需要指出特殊的存取路径，路径的选择由 DBMS 的优化机制来完成。

关系数据模型是以集合论中的关系概念为基础发展起来的。关系模型中无论是实体还是实体间的联系均由单一的结构类型——关系来表示。在实际的关系数据库中的关系也称表。一个关系数据库就是由若干个表组成的。

（四）面向对象数据模型

面向对象的基本概念是在 20 世纪 70 年代萌发的，它的基本做法是把系统工程中的某个模块和构件视为问题空间的一个或一类对象。到了 20 世纪 80 年代，面向对象的方法得到很大发展，在系统工程、计算机、人工智能等领域获得了广泛应用。但是，在更高级的层次上和更广泛的领域内对面向对象的方法进行研究还是 20 世纪 90 年代的事。面向对象的基本思想是通过对问题领域进行自然的分割，用更接近人类通常思维的方式建立问题领域的模型，并进行结构模拟和行为模拟，从而使设计出的软件能尽可能地直接表现出问题的求解过程。因此，面向对象的方法就是以接近人类通常思维方式的思想将客观世界的一切实体模型化为对象。每一种对象都有各自的内部状态和运动规律，不同对象之间的相互联系和相互作用就构成了各种不同的系统。

面向对象数据库管理系统（OODBMS）是数据库管理中最新的方法，它始于工程和设计领域的应用，并且成为广受金融、电信和万维网（WWW）应用欢迎的系统。它适用于多媒体应用以及复杂的、很难在关系 DBMS 里模拟和处理的关系。

第二节　关系数据库

在众多的数据模型中，关系模型是一种非常重要的数据模型。而关系数据库是支持关系模型的数据库。关系数据库是目前应用最广泛、最重要的一种数据库。

数据模型是用于描述数据或信息的标记，一般由数据结构、操作集合和完整性约束三部分组成。对于关系模型，其数据结构非常简单，不管是现实世界中的实体还是实体间的相互联系都可以用单一的数据结构即关系来表示。

关系模型的常用关系操作主要包括数据插入、数据修改、数据删除和数据查询等操作，其中数据查询操作相对更加复杂。关系操作的特点主要采用集合操作方式，即操作的对象和结构都是集合。而非关系数据模型的操作方式则是一次一记录的方式。

早期的关系操作能力通常用代数方式或逻辑方式来表示，分别称为关系代数和关系演算。关系代数是用对关系的运算来表达查询要求的方式，而关系演算则是用谓词来表达查询要求。关系代数和关系演算均是抽象的查询语言，与 DBMS 中实现的实际语言并不完全一样。

目前 DBMS 最流行的关系数据库的标准语言 SQL，不仅具有丰富的数据查询功能，还包括数据定义和数据控制功能。SQL 是以数据代数作为前期基础的。

一、关系数据库的设计原则

关系数据库中，构造设计关系模式时，必须要遵循一定的规则，而这种理论规则就是范式。

关系模式规范化的基本思想就是消除关系模式中的冗余，去掉函数依赖不合适部分，解决数据新增、修改和删除等操作时的异常，这就需要关系模式必须满足一定的要求。在规范化过程中为不同程度的规范化要求设立的不同标准称为范式，满足不同程度要求的为不同范式。

最早是由 E.F.Codd 提出范式的概念，目前关系数据库主要有六种范式：第一范式（1NF）、第二范式（2NF）、第三范式（3NF）、Boyce-Codd 范式（BCNF）、第四范式（4NF）和第五范式（5NF）。一般来说，关系数据库设计只需满足到第三范式（3NF）即可，特殊情况特殊分析。

（一）第一范式（1NF）

第一范式是最基本的规范形式，不满足第一范式的数据库模式不能称为关系数据库。如果关系模式 R 中所有的属性都具有原子性，均是不可再分的，则称 R 属于第一范式。

只要是关系模式必须满足第一范式，但是关系模式如果只属于第一范式并不一定是好的关系模式。

（二）第二范式（2NF）

第二范式是在第一范式的基础上建立起来的，即满足第二范式必须先满足第一范式。如果关系模式 R 属于第一范式，且每个非主属性都完全函数依赖于 R 的主关系键，则称 R 属于第二范式。

（三）第三范式（3NF）

如果关系模式 R 属于第二范式，且每个非主属性都不传递函数依赖于 R 的主关系键，则称 R 属于第三范式。

二、关系数据库的设计步骤

按照规范化设计方法，数据库设计可以分为以下六个阶段：

（一）需求分析阶段

需求分析是指收集和分析用户对系统的信息需求和处理需求，得到设计系统所必需的需求信息，是整个数据库设计过程的基础。其目标是通过调查研究，了解用户的数据要求和处理要求，并按照一定格式整理形成需求说明书。需求说明书是需求分析阶段的成果。需求分析阶段是最费时、最复杂的一个阶段，但也是最重要的一个阶段。它的效果直接影响后续设计阶段的速度和质量。

（二）概念结构设计阶段

概念结构设计阶段是根据需求提供的所有数据和处理要求进行抽象和综合处理，按一定的方法构造出反映用户环境的数据及其相互联系的概念模型。这种概念模型与 DBMS 无关，是面向现实世界的、极易为用户理解的概念模型。

（三）逻辑结构设计阶段

逻辑结构设计阶段是将上一阶段得到的概念模型转换成等价的、为某个特定的 DBMS 所支持的逻辑数据模型，并进行优化。

（四）物理结构设计阶段

物理结构设计阶段是把逻辑设计阶段得到的逻辑模型在物理上加以实现，设计数据的存储形式和存取路径，即设计数据库的内模式或存储模式。

（五）数据库实施阶段

数据库实施阶段是运用 DBMS 提供的数据语言及数据库开发工具，根据物理结构设计的结果建立一个具体的数据库，调试相应的应用程序，组织数据入库并进行试运行。

（六）数据库运行和维护阶段

数据库运行和维护阶段是指将已经试运行的数据库应用系统投入正式使用，在其使用过程中，不断进行调整、修改和完善。

此六个阶段，每完成一个阶段，都需要进行评审，评价一些重要的设计指标，评审文档产出物，和用户交流，如不符合要求，则不断修改，以求最后实现的数据库能够比较合适地表现现实世界，准确反映用户的需求。

三、结构化查询语言 SQL 概述

结构化查询语言（Structured Query Language）简称 SQL，是目前应用最为广泛的关系数据库语言，主要用于存取数据以及查询、更新和管理关系数据库系统。通过 SQL 语句可以实现数据定义、数据操纵、数据查询和数据控制四部分功能。

结构化查询语言是高级的非过程化编程语言，允许用户在高层数据结构上工作。它不要求用户指定对数据的存放方法，也不需要用户了解具体的数据存放方式，所以具有完全不同底层结构的不同数据库系统，可以使用相同的结构化查询语言作为数据输入与管理的接口。结构化查询语言语句可以嵌套，这使它具有极大的灵活性和强大的功能。

（一）SQL 的产生与发展

1974 年由 Boyce 和 Chamberlin 提出。1975—1979 年由 IBM 公司和 SanJose Re-search Laboratory 研制出关系数据库管理系统原型 System R，实现了 SQL 语言。1986 年 10 月，由美国国家标准局（ANSI）通过了数据库语言美国标准。1987 年，国际标准化组织（ISO）颁布了 SQL 正式国际标准。1989 年 4 月，ISO 提出了具有完整性特征的 SQL89 标准，1992 年 11 月又公布了 SQL92 标准，在此标准中，把数据库分为三个级别：基本集、标准集和完全集。

（1）1982 年，美国国家标准化协会开始制定 SQL 标准。

（2）1986 年，ANSI 公布了 SQL 的第一个标准 SQLG86。

（3）1987 年，国际标准化组织 ISO 正式采纳 SQLG86。

（4）1989 年，ISO 推出 SQLG89 标准。

（5）1992 年，ISO 推出 SQLG92 标准（SQL2）。

（6）1999 年，ISO 推出 SQLG99 标准（SQL3）。

（7）2003 年，ISO 推出 ISO ／ IEC9075、2003 标准（SQL4）。

（二）SQL 的特点

SQL 应用较为广泛，主要包括如下特点：

1. 一体化

SQL 集数据定义 DDI、数据操纵 DML 和数据控制 DCL 于一体，语言风格统一，可以独立完成数据库生命周期中的全部活动，包括定义关系模式、插入数据、建立数据库、查询、更新、维护、数据库重构、数据库安全性控制等一系列操作要求。

2. 非过程化

只提操作要求，不必描述操作步骤，也不需要导航。使用时只需要告诉计算机"做什么"，而不需要告诉它"怎么做"。用户无须了解存取路径，存取路径的选择以及 SQL 语句的操作过程由系统自动完成。

3. 面向集合的操作方式

SQL 语言采用集合方式，不仅一次插入、删除、更新操作的对象是元组的集合，而且操作的结果也是元组的集合。

4. 使用方式灵活

它有两种使用方式，既可以直接以命令方式交互使用，也可以嵌入使用，嵌入 C、C++、FORTRAN、COBOL、Java 等语言中使用。

5. 语言简洁，语法简单，好学好用

在 ANSI 标准中，只包含了 94 个英文单词，核心功能只用 9 个动词：create、drop、alter、select、insert、update、delete、grant，revoke。SQL 语言语法简单，容易学习，容易使用。

6. 功能

SQL 具有数据定义、数据操纵、数据查询和数据控制四种功能。

（三）SQL 的基本语法

SQL 作为关系数据库管理系统中的一种通用结构化查询语言，在开发数据库应用程序中广泛使用。

SQL 十分简洁、设计巧妙，完成其核心功能只用了 9 个动词，如表 4-2 所示。

表 4-2 SQL 基本动词

SQL 功能	动词	SQL 功能	动词
数据咨询	SELECT	数据操纵	INSERT、UPDATE、DELETE
数据定义	CREATE、DROP、ALTER	数据控制	GRANT、REVOKE

1. 数据定义

SQL 的数据定义包括定义表、视图等数据库对象，在此只介绍定义表，其他操作在后

续数据库课程中有专门介绍。

（1）数据类型

表中的每个列都来自同一个域，属于同一种数据类型。定义数据表时，需要给表中的每个列设置一种数据类型。不同的数据库管理系统所提供的数据类型的种类和名称会有少许不同。SQL 所提供的基本数据类型大致包括数值型、字符型和时间类型等。

数值型主要包括整数（int 等）和浮点数（float 和 real 等），字符型可以为定长或者变长。如 char(n) 为定长型，其中 n 表示最大字符数，若具体数据值的长度小于 n 的字符串，则需在此数据值的后面补空格，补足 n 个字符存储。varchar(n) 为变长型，其中 n 表示最大字符数，与定长不同，当具体数据值的长度小于 n 的字符串时，则根据具体数据值的实际长度存储。

（2）定义基本表

表是数据库中实际存储数据的对象。表由行和列组成，每行代表表中的记录，而每列代表表中的一个字段。列的定义决定了表的结构，行的内容则是表中的数据。

2. 数据查询

数据查询是数据库中最常用的操作，SQL 使用 SELECT 语句进行数据查询操作，数据查询语句功能丰富，形式多样，包括简单查询、连接查询、嵌套查询和子查询等操作。

3. 数据更新

SQL 的数据更新功能主要包括插入数据 Insert、修改数据 Update、删除数据 Delete 三个语句。

（1）插入数据

Insert 操作用于向表中插入新的数据元组。Insert 操作既可以单条插入，也可以与子单条数据插入。

（2）修改数据

使用 Update 语句对表中的一行或多行记录的某些已有数据值进行修改。

（3）删除数据

Delete 操作用于删除表中数据。使用 Delete 语句可以删除表中的一行或多行记录。

4. 数据控制

数据控制语言（DCL）是用来设置或者更改数据库用户或角色权限的语句。

（1）授予权限

SQL 语言用 GRANT 语句向用户授予权限。

（2）收回权限

向用户授予的权限可以由 DBA 或者授权者用 REVOKE。

第三节　数据库新发展

数据库技术被应用到特定的领域中，并且与其他计算机新技术互相渗透、互相结合，出现了分布式数据库、多媒体数据库、并行数据库、演绎数据库、主动数据库、NoSQL 等多种数据库。

一、分布式数据库

分布式数据库是指利用高速计算机网络将物理上分散的多个数据存储单元连接起来组成一个逻辑上统一的数据库。分布式数据库的基本思想是将原来集中式数据库中的数据分散存储到多个通过网络连接的数据存储节点上，以获取更大的存储容量和更高的并发访问量。近年来，随着数据量的高速增长，分布式数据库技术也得到了快速的发展，传统的关系型数据库开始从集中式模型向分布式架构发展，基于关系型的分布式数据库在保留了传统数据库的数据模型和基本特征下，从集中式存储走向分布式存储，从集中式计算走向分布式计算。

另外，随着数据量越来越大，关系型数据库开始暴露出一些难以克服的缺点，以NoSQL 为代表的非关系型数据库，其高可扩展性、高并发性等优势出现了快速发展，一时间市场上出现了大量的 key-value 存储系统、文档型数据库等 NoSQL 数据库产品。NoSQL 类型数据库正日渐成为大数据时代分布式数据库领域的主力。

二、多媒体数据库

多媒体数据库是数据库技术与多媒体技术结合的产物。多媒体数据库不是对现有的数据进行界面上的包装，而是从多媒体数据与信息本身的特性出发，考虑将其引入数据库中之后带来的有关问题。多媒体数据库从本质上来说，要解决三个难题。第一是信息媒体的多样化，不仅仅是数值数据和字符数据，要扩大到多媒体数据的存储、组织、使用和管理。第二要解决多媒体数据集成或表现集成，实现多媒体数据之间的交叉调用和融合，集成粒度越细，多媒体一体化表现才越强，应用的价值也才越大。第三是多媒体数据与人之间的交互性。

三、并行数据库

并行数据库系统（Parallel Database System）是新一代高性能的数据库系统，是在 MPP 和集群并行计算环境的基础上建立的数据库系统。

并行数据库技术起源于 20 世纪 70 年代的数据库机（Database Machine）研究，研究的内容主要集中在关系代数操作的并行化和实现关系操作的专用硬件设计上，希望通过硬件实现关系数据库操作的某些功能，该研究以失败而告终。20 世纪 80 年代后期，并行数据库技术的研究方向逐步转到了通用并行机方面，研究的重点是并行数据库的物理组织、操作算法、优化和调度策略。从 20 世纪 90 年代至今，随着处理器、存储、网络等相关基础技术的发展，并行数据库技术的研究上升到一个新的水平，研究的重点也转移到数据操作的时间并行性和空间并行性上。

并行数据库系统的目标是高性能（High Performance）和高可用性（High Availability），通过多个处理结点并行执行数据库任务，提高整个数据库系统的性能和可用性。

四、演绎数据库

演绎数据库是指具有演绎推理能力的数据库。一般来说，它用一个数据库管理系统和一个规则管理系统来实现。将推理用的事实数据存放在数据库中，称为外延数据库；用逻辑规则定义要导出的事实，称为内涵数据库。主要研究内容为，如何有效地计算逻辑规则推理。具体为递归查询的优化、规则的一致性维护等。

演绎数据库由以下三部分组成：

（1）传统数据库管理。由于演绎数据库建立在传统数据库之上，因此传统数据库是演绎数据库的基础。

（2）具有对一阶谓词逻辑进行推理的演绎结构。这是演绎数据库全部功能特色所在，推理功能由此结构完成。

（3）数据库与推理机构的接口。由于演绎结构是逻辑的，而数据库是非逻辑的，因此必须有一个接口实现物理上的连接。

五、主动数据库

所谓主动数据库就是除完成一切传统数据库的服务外，还具有各种主动服务功能的数据库系统。主动数据库是相对传统数据库的被动性而言的。在传统数据库中，当用户要对数据库中的数据进行存取时，只能通过执行相应的数据库命令或应用程序来实现。数据库本身不会根据数据库的状态主动做些什么，因而是被动的。

然而在许多实际应用领域中，如计算机集成制造系统、管理信息系统、办公自动化中常常希望数据库系统在紧急情况下能够根据数据库的当前状态，主动、适时地做出反应，执行某些操作，向用户提供某些信息。这类应用的特点是事件驱动数据库操作以及要求数据库系统支持涉及时间方面的约束条件。为此，人们在传统数据库的基础上，结合人工智能技术研制和开发了主动数据库。

六、NoSQL

NoSQL 泛指非关系型的数据库。NoSQL 数据库的产生就是为了解决大规模数据集合多重数据种类带来的挑战，尤其是大数据应用难题。

NoSQL 数据库主要分为以下四大类：

（一）键值（Key-Value）存储数据库

键值存储数据库主要会使用到一个哈希表，这个表中有一个特定的键和一个指针指向特定的数据。Key ∕ value 模型对于 IT 系统来说优势在于简单、易部署。但是，如果 DBA 只对部分值进行查询或更新，Key ∕ value 就显得效率低下了，如 Tokyo Cabinet ∕ Trant、Redis、Voldemort、OracleBDB。

（二）列存储数据库

列存储数据库通常是用来应对分布式存储的海量数据。键仍然存在，但是它们的特点指向了多个列。这些列是由列家族安排的，如 Cassandra、HBase、Riak。

（三）文档型数据库

文档型数据库同第一种键值存储类似。该类型的数据模型是版本化的文档，半结构化的文档以特定的格式存储，比如 JSON。文档型数据库可以看作键值数据库的升级版，允许之间嵌套键值。而且文档型数据库比键值数据库的查询效率更高，如 CouchDB、MongoDb。国内的文档型数据库 SequoiaDB 已经开源。

（四）图形（Graph）数据库

图形结构的数据库同其他行列以及刚性结构的 SQL 数据库不同，它是使用灵活的图形模型，并且能够扩展到多个服务器上。NoSQL 数据库没有标准的查询语言 SQL，因此进行数据库查询需要制定数据模型。许多 NoSQL 数据库都有 REST 式的数据接口或者查询 API，如 Neo4J、InfoGrid、InfiniteGraph。NoSQL 数据库通常在以下几种情况下比较适用：

（1）数据模型比较简单。

（2）需要灵活性更强的 IT 系统。

（3）对数据库性能要求较高。

（4）不需要高度的数据一致性。

（5）对于给定 key，比较容易映射复杂值的环境。

第四节　数据仓库与数据挖掘

数据仓库之父比尔·恩门（Bill Inmon）在 1991 年出版的 *Building the Data Warehouse* 一书中所提出的定义被广泛接受——数据仓库（Data Warehouse）是一个面向主题的（Subject Oriented）、集成的（Integrated）、相对稳定的（Non-Volatile）、反映历史变化（Time Variant）的数据集合，用于支持管理决策（Decision Making Support）。

数据仓库也可简写为 DW，其特征在于面向主题、集成性、稳定性和时变性。数据仓库的主要功能是联机事务处理（OLTP）系统经年累月所累积的大量数据，透过数据仓库理论所特有的资料储存架构，做系统性的分析整理，以利用各种分析方法，如联机分析处理（OLAP）、数据挖掘（Data Mining）进行，并进而支持如决策支持系统（DSS）、主管资讯系统（EIS）之创建，帮助决策者快速有效地自大量资料中分析出有价值的资讯，以利决策拟定及快速回应外在环境变动，帮助建构商业智能（BI）。数据仓库通常使用数据挖掘来发现数据潜在的价值。

数据挖掘（Data Mining），是数据库知识发现（Knowledge-Discoveryin Databases，KDD）中的一个步骤。数据挖掘一般是指从大量的数据中通过算法搜索隐藏于其中信息的过程。数据挖掘通常与计算机科学有关，并通过统计、在线分析处理、情报检索、机器学习、专家系统（依靠过去的经验法则）和模式识别等诸多方法来实现上述目标。

近年来，数据挖掘引起了信息产业界的极大关注，其主要原因是存在大量数据，可以广泛使用，并且迫切需要将这些数据转换成有用的信息和知识。获取的信息和知识可以广泛用于各种应用，包括商务管理、生产控制、市场分析、工程设计和科学探索等。

数据挖掘利用了来自如下一些领域的思想：

（1）来自统计学的抽样、估计和假设检验。

（2）人工智能、模式识别和机器学习的搜索算法、建模技术和学习理论。

数据挖掘也迅速地接纳了来自其他领域的思想，这些领域包括最优化、进化计算、信息论、信号处理、可视化和信息检索。

近年来，数据仓库作为一门新兴的技术，得到了迅猛的发展，数据仓库技术能够对企业在经营过程中所产生的海量历史数据进行高效整理，然后在对应的中央仓库中进行存储，分析这些数据，以便于在企业管理者进行决策时发挥辅助作用。数据仓库具有只读性、整合性、主题性以及历史性等特点，其相当于一个容纳了海量数据的集合体，通过数据仓库，可为企业管理者在制定相应决策时提供可靠的参考依据。对于数据挖掘技术而言，其涉及模式识别、机器学习以及统计学等多个领域的知识技术，并在这些领域的发展基础上，该技术可从海量数据中获取有价值的知识，正是这一应用优势，使其受到诸多人士的青睐。人们在查找所需数据时，可通过数据仓库从海量的历史数据中获得，而数据挖掘技术则能够从海量的数据中找到具有价值的信息。可以说，数据仓库技术的出现，为人们在认识数据价值时提供了一个全新的角度。但就目前来看，我国尚未全面推广数据仓库，数据仓库的应用效果也远远未达到预期，尚有许多不完善之处有待进一步研究，但无论怎样，数据仓库都将在我国企业的未来发展中发挥不可或缺的作用。

一、数据挖掘和数据仓库技术

所谓数据挖掘，是在海量的碎片数据中，对具有价值性且不为人所知的信息及知识进行探寻和提取。在这些碎片数据中，其往往是较为模糊、含有大量噪声以及不完整的，其既包含结构化数据，还包括非结构化数据与异构型数据，这些数据都可进行相应的演绎与归纳，以从中找到具有价值的数据，以便于被应用到查询优化、过程控制、信息管理等工作中，这也使数据挖掘技术具有极为重要的应用价值。

数据仓库技术则是一种高度集成、较为稳定且具有主题性的数据集合体，该数据集合体能够对数据的历史变化进行真实反映，这使其能够为管理决策的制定提供支持。人们在理解数据仓库这一概念时，可从两个层次来分析：①数据仓库能够为决策提供支持，通过对数据进行相应的分析与处理，能够使决策的制定变得更加科学，其与企业所使用的操作型数据库有着本质的区别；②数据仓库高度集成了不同的异构数据源，通过对大量的异构数据源进行高度集成，可根据主题需要来对这些数据进行重组，这些重组数据中往往含有历史数据，在数据仓库中对这些重组数据进行存放后，往往不会再进行修改。企业在建设数据仓库时，需要将现有的业务系统以及在经营过程中所积累的业务数据作为基础。对于数据仓库而言，其概念并不是静态的，使用者需要及时找出自身所需的数据，这样才能在进行经营决策时利用这些数据，从而使这些数据的作用得以充分发挥，这样数据才具有意义。而通过对信息进行相应的整理、归纳与重组，则是数据仓库为企业管理决策人员提供信息服务支持的关键内容。

需要注意的是，相比于数据仓库技术，数据挖掘技术最初便是面向应用的。比如，某电信企业对长期经营所积累的客户数据进行了总结、分析与提取，进而制定了更加高效的话费收费标准及方法，从而使企业在获得更高利润的同时，也为客户提供了更加优惠的信息服务政策。这样，数据便从原有的低层次应用逐渐提升至能够为企业管理者提供决策支持的更高层次应用。

二、数据仓库的构建方法

（一）体系架构

在现代网络中广泛分布着海量的数据，这些数据来自不同的信息源，而数据仓库则能够根据这些信息源提取相应的原始数据，通过对这些原始数据进行相应的整理与加工后，将其存储于数据仓库之中，并利用数据仓库访问工具，使用户能够从数据仓库中获取所需的信息，进而为用户提供了一个具有高度集成性、协调性与统一性的信息服务环境，使企业管理者在进行全局决策时能够获得有力的技术支持。在数据仓库中，其体系架构主要包括四个层次，分别是数据源、数据存储及管理、OLAP 服务器以及各种前端工具，其中，数据源在数据仓库中是最为重要的基础部分，也是数据仓库中海量数据的源泉，数据源主要分为企业外部信息与内部信息。而对于数据存储和管理来说，其在数据仓库系统中发挥着核心的作用，数据仓库依据数据的覆盖范围，可将其划分成部门级数据仓库以及企业级数据仓库。对于 OLAP 服务器来说，其能够将所有待分析的数据集成起来，并按照具体的多维模型来对这些数据进行高效组织，从而使管理人员能够对数据进行不同层次与不同角度的分析，进而了解数据的发展趋势。各种前端工具主要有数据分析工具、报表生成工具、查询数据、应用开发数据等。

（二）构建方法

现阶段，在数据仓库构建中主要包括两种构建方法，一种是采取自顶向下的方式来构建数据仓库，另一种则恰好与之相反，采用自底向上的方式来构建数据仓库。企业在对数据仓库进行开发时，必须要对数据仓库的元数据管理、规模大小、粒度级别等进行总体把握，这样能够为数据仓库系统的构建提供一种科学且有效的解决策略，同时还能最大限度地避免出现集成问题。但是，由于自顶向上这一构建方法需要花费较高的费用，开发时间较长，而且在灵活性上存在很大不足，这也使其在应用过程中无法有效保证系统组织在共同数据模型上完全趋于一致。而采用自底向上的方式来对数据仓库进行设计与开发，则能够对数据集市进行独立部署，从而使数据仓库的构建更具灵活性，其成本也相对较少，可对投资回报进行快速收回。不过这种方式需对广泛分布于网络中的数据集市进行高度集成，这也使企业数据仓库无法得到一致的构建。在对数据仓库进行构建时，其构建流程主要包括以下步骤：①明确数据仓库的开发目标及运行计划，形成对应的技术环境，并对数据仓库的软硬件资源进行筛选，如 DBMS 开发工具、开发平台以及终端访问工具等；②据所设计的主题对企业数据进行建模，结合企业的决策要求对数据源的主题及来源进行确定，并按照逻辑结构对数据仓库进行设计；③根据用户的实际需求和主题要求进行着重设计，针对数据在数据仓库中的存储结构，对多维数据结构中的维表及事实表进行设计；④在源系统中对数据进行提取、清理及格式化等，针对这些处理过程进行相应的编码与设计；⑤对元数据进行定义，了解数据仓库系统中的各个组成部分，以实现对元数据的有效管理。这些元数据主要有属性、映射与转换机制、代码、关键字、数据描述等；⑥对用户在进行决策时的数据分析工具进行开发，如 C／S 工具、优化查询工具、OLAP 工具等，利用这些工具可对数据仓库内的数据进行有效分析，从而使其能够为管理人员的决策提供支持；⑦对数据仓库的系统运行环境进行管理，主要有管理决策支持工具、质量检测，并对数据进行定期更新等，以此确保数据仓库的可靠运行。

（三）数据模式

数据仓库模型有许多种，其中尤以多维数据模型的应用最为广泛，该模型的存在形式多种多样，如雪花模式、星型模式等。在这些存在形式中，以星型模式的使用最为普遍，这一设计形式主要包括一个含有主题的事实表以及若干个含有事实的维度表，这些维度表能够进行非正规化描述，从而使决策支持查询得到有效执行。在星型模式中，事实表及维度表分别处于中心与周边，其利用事实表来维护数据，并通过维度表来维护维度数据。在这些维护中，均可利用相应的关键词来关联与之对应的事实表。雪花模式则是以星型模式为基础扩展出来的，其与星型模式的本质区别为维度表，维度表在雪花模式中会被分解为相应的主维度表与次维度表，其中主维度表和事实表直接关联，而次维度表则和主维度表直接关联。此外，次维度表还间接关联了事实表。雪花模式在对维度数据进行设计时采用了冗余设计，这样有助于节约读磁盘的数量，进而增强数据仓库的查询能力。

三、数据挖掘的应用分析

在数据挖掘客户端中，Visual Basic 6.0 是其主要工具，而其采用 MS SQL Server 作为后台数据库，并通过 Analysis Services 来实现数据挖掘功能。数据挖掘在应用过程中，会依据企业在经营过程中所产生的各类数据，如顾客信息、商品信息等，以顾客信息为例，其可通过决策树算法生成相应的模型，然后以信誉度这一评价指标分类顾客信息，由此便可预测出新顾客的信誉度，这样便可在后续缴费服务中依据预测结果进行相应的决策支持。在数据挖掘过程中，需要使用多种不同的数据，如销售表、时间表、服务信息表、顾客表等，通过星型模式，以此生成具有不同维度的数据集 sales，然后将销售表作为事实表，对顾客的维度、产品、时间等进行建立，同时还要赋予各个维度的成员属性。在决策树中，需要根据顾客的收入水平来确定其级别，利用决策树算法可了解到顾客的信誉度会在很大程度上受其收入水平的影响，事例密度可由颜色来描述，其节点颜色越浅，则代表其含有的事例越少。通过特性窗体记录能够找出信誉良好和一般的事例数，选择信誉良好的字段，此时树的颜色模式会自动切换至另外一种。由此，便可了解到不同收入水平的顾客在节点密度上的对比情况。

总而言之，数据挖掘与数据仓库技术在未来必将受到越来越多人的青睐与欢迎，国外许多发达国家都纷纷投入相关产品的研发工作中，并且数据挖掘技术在金融服务、医疗保健等领域中已得到了广泛应用。而我国在数据仓库技术上还未真正全面推广，这是因为该技术在应用过程中还有许多问题有待解决，不过这些问题都将在不久的将来得到逐一解决，数据挖掘与数据仓库技术也必将在我国发挥出巨大的应用价值。

第五章 计算机视觉与语音处理

第一节 计算机视觉与语音概述

语音信号是人类进行交流的主要途径之一。语音处理不仅在通信、工业、国防和金融等领域有着广阔的应用前景，而且正在逐渐改变人机交互的方式。

从人工智能的视角来看，计算机视觉要赋予机器"看"的智能，与语音识别赋予机器"听"的智能类似，都属于感知智能范畴。从工程视角来看，所谓理解图像或视频，就是用机器自动实现人类视觉系统的功能，包括图像或视频的获取、处理、分析和理解等诸多任务。类比人的视觉系统，摄像机等成像设备是机器的眼睛，而计算机视觉就是要实现人的大脑（主要是视觉皮层区）的视觉能力。

一、计算机视觉概述

计算机视觉的内涵非常丰富，需要完成的任务众多。想象一下，如果我们为盲人设计一套导盲系统，导盲系统需要完成哪些视觉任务？不难想象，可能至少要包括以下任务：

（1）距离估计。距离估计是指计算输入图像中的每个点距离摄像机的物理距离，该功能对于导盲系统显然是至关重要的。

（2）目标检测、跟踪和定位。在图像视频中发现感兴趣的目标并给出其位置和区域。对导盲系统来说，各类车辆、行人、红绿灯、交通标示等都是需要关注的目标。

（3）前背景分割和物体分割。将图像视频中前景物体所占据的区域或轮廓勾勒出来。为了导盲之目的，将视野中的车辆和斑马线区域勾勒出来显然是必要的。当然，盲道的分割以及可行走区域的分割更加重要。

（4）目标分类和识别。为图像视频中出现的目标分配其所属类别的标签。这里类别的概念是非常丰富的，如画面中人的男女、老少、种族等，视野内车辆的款式乃至型号，甚至是对面走来的人是谁（认识与否）等。

（5）场景分类与识别。根据图像视频内容对拍摄环境进行分类，如室内、室外、山景、海景、街景等。

（6）场景文字检测与识别。特别是在城市环境中，场景中的各种文字对导盲显然是非常重要的，如道路名、绿灯倒计时秒数、商店名称等。

（7）事件检测与识别。对视频中的人、物和场景等进行分析，识别人的行为或正在发生的事件（特别是异常事件）。对导盲系统来说，可能需要判断是否有车辆正在经过；而对监控系统来说，闯红灯、逆行等都是值得关注的事件。

当然，更多内容可能是导盲系统未必需要的，但对其他应用可能很重要，比如：

（1）3D重建。对画面中的场景和物体进行自动3D建模。这对于在应用中添加虚拟物体而言是必需的先导任务。

（2）图像编辑。对图像的内容或风格进行修改，产生具有真实感的其他图像。例如，把图像变成油画效果甚至是变成某个艺术家的绘画风格图。图像编辑也可以修改图像中的部分内容，如去掉照片中大煞风景的某个垃圾桶，或者去掉照片中某人的眼镜等。

（3）自动图题。分析输入图像或视频的内容并用自然语言进行描述，可以类比小学生眼中的"看图说话"。

（4）视觉问答。给定图像或视频，回答特定的问题，这有点像语文考试中的"阅读理解"题目。

计算机视觉在众多领域有极为广泛的应用价值。据说人一生中70%的信息是通过"看"来获得的，显然，看的能力对AI是至关重要的。不难想象，任何AI系统，只要它需要和人交互或者需要根据周边环境情况做决策，"看"的能力就非常重要。所以，越来越多的计算机视觉系统开始走入人们的日常生活，如指纹识别、车牌识别、人脸识别、视频监控、自动驾驶、增强现实等。

计算机视觉与很多学科都有密切关系，如数字图像处理、模式识别、机器学习、计算机图形学等。其中，数字图像处理可以看作偏低级的计算机视觉，多数情况下其输入和输出的都是图像，而计算机视觉系统的输出一般是模型、结构或符号信息。在模式识别中，以图像为输入的任务多数也可以看作计算机视觉的研究范畴。机器学习则为计算机视觉提供了分析、识别和理解的方法和工具，特别是近年来统计机器学习和深度学习都成了计算机视觉领域占主导地位的研究方法。计算机图形学与计算机视觉的关系最为特殊，从某种意义上讲，计算机图形学研究的是如何从模型生成图像或视频的"反"问题；而计算机视觉则正好相反，研究的是如何从输入图像中解析出模型的"反"问题。近年来，计算摄影学也逐渐得到重视，其关注的焦点是采用数字信号处理而非光学过程实现新的成像可能，典型的如光场相机、高动态成像、全景成像等经常用到计算机视觉算法。

与计算机视觉关系密切的另外一类学科来自脑科学领域，如认知科学、神经科学、心理学等。这些学科极大受益于数字图像处理、计算摄影学、计算机视觉等学科带来的图像处理和分析工具，另一方面，它们所揭示的视觉认知规律、视皮层神经机制等对于计算机视觉领域的发展也起到了积极的推动作用。例如，多层神经网络即深度学习就是受到认知神经科学的启发而发展起来的，近年来为计算机视觉中的众多任务带来了跨越式的发展。与脑科学进行交叉学科研究，是非常有前途的研究方向。

二、语音的基本概念

语音是指人类通过发音器官发出来的、具有一定意义的、目的是用来进行社会交际的声音。语音是肺部呼出的气流通过喉头至嘴唇的器官的各种作用而发出的。根据发音方式的不同，可以将语音分为元音和辅音，辅音又可以根据声带有无振动分为清辅音和浊辅音。人可以感觉到频率在 20Hz ～ 20kHz、强度为 5dB ～ 130dB 的声音信号，在这个范围以外的音频分量是人耳听不到的，在音频处理过程中可以忽略。

语音的物理基础主要有音高、音强、音长、音色，这也是构成语音的四要素。音高指声波频率，即每秒钟振动次数的多少；音强指声波振幅的大小；音长指声波振动持续时间的长短，也称为"时长"；音色指声音的特色和本质，也称作"音质"。

语音经过采样以后，在计算机中以波形文件的方式进行存储，这种波形文件反映了语音在时域上的变化。人们可以从语音的波形中判断语音音强（或振幅）、音长等参数的变化，但很难从波形中分辨出不同的语音内容或不同的说话人。为了更好地反映不同语音的内容或音色差别，需要对语音进行频域上的转换，即提取语音频域的参数。常见的语音频域参数包括傅里叶谱、梅尔频率倒谱系数等。通过对语音进行离散傅里叶变换可以得到傅里叶谱，在此基础上根据人耳的听感特性，将语音信号在频域上划分成不同子带，进而可以得到梅尔频率倒谱系数。梅尔频率倒谱系数是一种能够近似反映人耳听觉特点的频域参数，在语音识别和说话人识别上被广泛使用。

三、数字图像的类型及机内表示

视觉处理任务似乎对人简单至极，但对机器却极富挑战。为什么呢？让我们先看看数字图像是什么。数字图像由一个个点组成，这些点称为像素（pixel）。每个像素的亮度、颜色或距离等属性在计算机内表示为一个或多个数字。如果是黑白图像（又称灰度图像），每个像素由一个亮度值表示，通常用 1 个字节表示，最小值为 0(最低亮度，黑色)，最大值为 255(最高亮度，白色)，0 ~ 255 中间的数值则表示那些中间的亮度。如果是彩色图像，每个像素的颜色通常用分别代表红、绿、蓝的三个字节表示，蓝色分量如果是 0，则表示该像素点吸收了全部蓝色光；如果是 255，则该像素点反射了全部蓝色光。红绿分量亦如此。

除了黑白或彩色图像，还有一类特殊的相机可以采集深度信息，即 RGBD 图像。RGBD 图像对每个像素，除了赋予红绿蓝彩色信息之外，还会有一个值表达深度，即该像素与摄像机的距离（depth）。其单位取决于相机的测量精度，一般为毫米，至少用 2 个字节表示。深度信息本质上反映了物体的 3D 形状信息。这类相机在体感游戏、自动驾驶、机器人导航等领域有潜在且广泛的应用价值。

此外，计算机视觉处理的图像或视频还可能来自超越人眼的成像设备，它们所采集的电磁波段信号超出了人眼所能够感知的可见光电磁波段范围，如红外、紫外、X 光成像等。这些成像设备及其后续的视觉处理算法在医疗、军事、工业等领域有非常广泛的应用，可用于缺陷检测、目标检测、机器人导航等。例如，在医疗领域，通过计算机断层 X 光扫描（CT），可以获得人体器官内部组织的结构，3D CT 中每个灰度值反映的是人体内某个位置（所谓体素）对 X 射线的吸收情况，体现的是内部组织的致密程度。通过 CT 图像处理和分析，可实现对病灶的自动检测和识别。

第二节　常用计算机视觉模型和关键技术

尽管计算机视觉任务繁多，但大多数任务本质上可以建模为广义的函数拟合问题，即对任意输入图像 x，需要学习一个以 θ 为参数的函数 y，使得 $y = F_\theta(x)$，其中 y 可能有两大类：

（1）y 为类别标签，对应模式识别或机器学习中的"分类"问题，如场景分类、图像分类、物体识别、精细物体类识别、人脸识别等视觉任务。这类任务的特点是输出 y 为有限种类的离散型变量。

（2）y 为连续变量或向量或矩阵，对应模式识别或机器学习中的"回归"问题，如距离估计、目标检测、语义分割等视觉任务。在这些任务中，y 或者是连续的变量（如距离、年龄、角度等），或者是一个向量（如物体的横纵坐标位置和长宽），或者是每个像素有一个所属物体类别的编号（如分割结果）。

一、基于浅层模型的方法

实现上述视觉任务的函数 F_θ，通常都是非常复杂的。因此，一种可能的解法是遵循"分而治之"的思想，对其进行分步、分阶段求解。一个典型的视觉任务实现流程包括以下四个步骤：

步骤 1：图像预处理过程 p。用于实现目标对齐、几何归一化、亮度或颜色矫正等处理，从而提高数据的一致性，该过程一般人为设定。

步骤 2：特征设计与提取过程 q。其功能是从预处理后的图像 r' 中提取描述图像内容的特征，这些特征可能反映图像的低层（如边缘）、中层（如部件）或高层（如场景）特性，一般依据专家知识进行人工设计。

步骤 3：特征汇聚或特征变换 h。其功能是对前步提取的局部特征 z（一般是向量）进行统计汇聚或降维处理，从而得到维度更低、更利于后续分类或回归过程的特征 z'。该过程一般通过专家设计的统计建模方法实现。

步骤 4：分类器或回归器函数 g 的设计与训练。其功能是采用机器学习或模式识别的方法，基于一个有导师的训练集 $\{(x_i, y_i) : i = 1, \cdots, N\}$（其中 x_i 是训练图像，y_i 是其类别标签）学习得到，通过有监督的机器学习方法来实现。

上述流程可以理解为通过序贯执行 p、q、h、g 四个函数实现需要的 $y = F_\theta(x)$ 即 $y = g(h(q(p(x))))$。不难发现，上述流程带有强烈的"人工设计"色彩，不仅依赖专家知识进行步骤划分，更依赖专家知识选择和设计各步骤的函数，这与后来出现的深度学习方法依赖大量数据进行端到端的自动学习（直接学习 R 函数）形成了鲜明对比。为了与深度学习在概念上进行区分，通常称这些模型为浅层视觉模型。考虑到步骤 1 的图像预处理往往依赖于图像类型和任务，接下来仅对后面三个步骤进行概要阐述。

（一）特征设计与提取方法

人工设计特征本质是一种专家知识驱动的方法，即研究者自己或通过咨询特定领域专家，根据对所研究问题或目标的理解，设计某种流程来提取专家觉得"好"的特征。目前，多数人工设计的特征有两大类，即全局特征和局部特征。前者通常建模的是图像中全部像素或多个不同区域像素中所蕴含的信息，后者则通常只从一个局部区域内的少量像素中提取信息。

典型的全局特征对颜色、全图结构或形状等进行建模，如在全图上计算颜色直方图，傅里叶频谱也可以看作全局特征。另一种典型的全局场景特征是 2001 年 Aude Oliva 和 Antonio Torralba 提出的 GIST 特征，它主要对图像场景的空间形状属性进行建模，如自然度、开放度、粗糙度、扩张度和崎岖度等。与局部特征相比，全局特征往往粒度比较粗，适合于需要高效而无须精细分类的任务，比如场景分类或大规模图像检索等。

相对而言，局部特征可以提取更为精细的特征，应用更为广泛，也因此得到了充分发展，研究人员设计出了数以百计的局部特征。这些局部特征大多数以建模边缘、梯度、纹理等为目标，采用的手段包括滤波器设计、局部统计量计算、直方图等。最典型的局部特征有 SIFT、SURF、HOG、LBP、Gabor 滤波器、DAISY、BRIEF、ORB、BRISK 等数十种。

（二）特征汇聚与特征变换方法

步骤 2 提取的人工设计特征往往非常多，给后续计算带来困难。更重要的是，这些特征在设计之初并未充分考虑随后的任务或目标。例如，用于分类时未必具有非常好的判别能力，即区分不同目标的能力。因此，在进行图像分类、检索或识别等任务时，在将它们输入给分类器或回归器之前，一般还需要对这些特征进行进一步处理——步骤 3 特征汇聚或特征变换，以便把高维特征进一步编码到某个维度更低或者具有更好判别能力的新空间。实现上述目的的方法有两大类。

一类是特征汇聚方法，典型的方法包括视觉词袋模型、Fisher 向量和局部聚合向量（VLAD）方法。其中，词袋模型（bag-of-words，BOW）最早出现在自然语言处理（NLP）和信息检索（IR）领域。该模型忽略掉文本的语法和语序，用一组无序的单词（words）来表达一段文字或一个文档。受此启发，研究人员将词袋模型扩展到计算机视觉中，并称为视觉词袋模型（bag-of-visual-words，BOVW）。简而言之，图像可以看作文档，而图像中的局部视觉特征（visual feature）可以看作单词（word）的实例，从而可以直接应用

BOW 方法实现大规模图像检索等任务。

另一类是特征变换方法，又称子空间分析法。这类方法特别多，典型的方法包括主成分分析（PCA）、线性判别分析、核方法、流形学习等。感兴趣的读者可以扩展阅读这部分内容。其中，主成分分析是一种在最小均方误差意义下最优的线性变换降维方法，在计算机视觉中应用极为广泛。PCA 在寻求降维变换时的目标函数是重构误差最小化，与样本所属类别无关，因而是一种无监督的降维方法。但在众多计算机视觉应用中，分类才是最重要的目标，因此以最大化类别可分性为优化目标寻求特征变换成为一种最自然的选择，其中最著名的就是费舍尔线性判别分析方法 FLDA。FLDA 也是一种非常简单而优美的线性变换方法，其基本思想是寻求一个线性变换，使得变换后的空间中同一类别的样本散度尽可能小，而不同类别样本的散度尽可能大，即所谓"类内散度小，类间散度大"。

核方法曾经是实现非线性变换的重要手段之一。核方法并不试图直接构造或学习非线性映射函数本身，而是在原始特征空间内通过核函数（kernel function）来定义目标"高维隐特征空间"中的内积。换句话说，核函数实现了一种隐式的非线性映射，将原始特征映射到新的高维空间，从而可以在无须显式得到映射函数和目标空间的情况下，计算该空间内模式向量的距离或相似度，完成模式分类或回归任务。

实现非线性映射的另外一类方法是流形学习（manifold learning）。所谓流形，可以简单理解为高维空间中低维嵌入，其维度通常称为本征维度（intrinsic dimension）。流形学习的主要思想是寻求将高维的数据映射到低维本征空间的低维嵌入，要求该低维空间中的数据能够保持原高维数据的某些本质结构特征。其中，ISOMAP 保持的是测地距离，其基本策略是首先通过最短路径方法计算数据点之间的测地距离，然后通过 Multidimensional Scaling（MDS）得到满足数据点之间测地距离的低维空间。而 LLE 方法则假设每个数据点可以由其近邻点重构，通过优化方法寻求一个低维嵌入，使所有数据仍能保持原空间邻域关系和重构系数。略显不足的是，多数流形学习方法都不易得到一个显式的非线性映射，因而往往难以将没有出现在训练集合中的样本变换到低维空间，只能采取一些近似策略，但效果并不理想。

（三）分类器或回归器设计

前面介绍了面向浅层模型的人工设计特征及对它们进一步汇聚或变换的方法。一旦得到这些特征，剩下的步骤就是分类器或回归函数的设计和学习了。事实上，计算机视觉中的分类器基本都借鉴模式识别或机器学习领域，如最近邻分类器、线性感知机、决策树、随机森林、支持向量机、AdaBoost、神经网络等都是适用的。

需要特别注意的是，根据前述特征的属性不同，分类器或回归器中涉及的距离度量方法也有差异。例如，对于直方图类特征，一些面向分布的距离如 KLD、卡方距离等可能更实用；至于 PCA、FLDA 变换后的特征，欧氏距离或 Cosine 相似度可能更佳；至于一些二值化的特征，海明距离可能带来更优的性能。

二、基于深度模型的视觉方法

（一）基于深度模型的目标检测技术

目标检测是计算机视觉中的一个基础问题，其定义某些感兴趣的特定类别组成前景，其他类别为背景。我们需要设计一个目标检测器，它可以在输入图像中找到所有前景物体的位置以及它们所属的具体类别。物体的位置用长方形物体边框描述。实际上，目标检测问题可以简化为图像区域的分类问题。如果在一张图像中提取足够多的物体候选位置，那么只需要将所有候选位置进行分类，即可找到含有物体的位置。在实际操作中，常常再引入一个边框回归器用来修正候选框的位置，并在检测器后接入一个后处理操作去除属于同一物体的重复检测框。深度学习引入目标检测问题后，目标检测正确率大大提升。

R-CNN 最早将深度学习应用在目标检测中。R-CNN 目标检测一般包括以下步骤：①输入一张图像，使用无监督算法提取约 2000 个物体的可能位置；②将所有候选区域取出并缩放为相同的大小，输入卷积神经网络中提取特征；③使用 SVM 对每个区域的特征进行分类。

R-CNN 的最大缺点是所有候选区域中存在大量的重叠和冗余，它们都要分别经过卷积神经网络进行计算，这使得计算代价非常大。为了提高计算效率，Fast R-CNN 对同一张图像只提取一次卷积特征，此后接入 ROI pooling 层，将特征图上不同尺寸的感兴趣区域取出并池化为固定尺寸的特征，再将这些特征用 Softmax 进行分类。此外，Fast R-CNN 还利用多任务学习，将 ROI Pooling 层后的特征输入一个边界框的回归器来学习更准确的位置。后来，为了降低提取候选位置所消耗的运算时间，Faster R-CNN 进一步简化流程，在特征提取器后设计了 RPN 结构（Region Proposal Network），用于修正和筛选预定义在固定位置的候选框，将上述所有步骤集成于一个整体框架中，从而进一步加快了目标检测速度。

（二）基于全卷积网络的图像分割

对于像素级的分类和回归任务（如图像分割或边缘检测），代表性的深度网络模型是全卷积网络（Fully Convolutional Network，FCN）。经典的 DCNN 在卷积层之后使用了全连接层，而全连接层中单个神经元的感受是整张输入图像，破坏了神经元之间的空间关系，因此不适用于像素级的视觉处理任务。

（三）融合图像和语言模型的自动图题生成

图像自动标题的目标是生成输入图像的文字描述，即我们常说的"看图说话"，也是一个因深度学习取得重要进展的研究方向。深度学习方法应用于该问题的代表性思路是使用 CNN 学习图像表示，然后采用循环神经网络 RNN 或长短期记忆模型 LSTM 学习语言模型，并以 CNN 特征输入初始化 RNN / LSRM 的隐层节点，组成混合网络进行端到端的训练。通过这种方法，有些系统在 MS COCO 数据集上的部分结果甚至优于人类给出的语言描述。

第三节 语音的识别合成与增强转换

一、语音的识别与合成

（一）语音识别

用语音实现人与计算机之间的交互，主要包括语音识别（speech recognition）、自然语言理解和语音合成（speech synthesis）。语音识别是完成语音到文字的转换。自然语言理解是完成文字到语义的转换。语音合成是用语音方式输出用户想要的信息。

现在已经有许多场合允许使用者用语音对计算机发出命令，但是，目前还只能使用有限词汇的简单句子，因为计算机还无法接受复杂句子的语音命令。因此，需要研究基于自然语言理解的语音识别技术。

相对于机器翻译，语音识别是更加困难的问题。机器翻译系统输入的通常是印刷文本，计算机能清楚地区分单词和单词串。而语音识别系统输入的是语音，其复杂度要大得多，特别是口语有很多的不确定性。人与人交流时，往往是根据上下文提供的信息猜测对方所说的是哪一个单词，还可以根据对方使用的音调、面部表情和手势等来得到很多信息。特别是说话者会经常更正所说过的话，而且会使用不同的词来重复某些信息。显然，要使计算机像人一样识别语音是很困难的。

1. 语音识别的特征提取

语音识别的难点之一在于语音信号的复杂性和多变性。一段看似简单的语音信号中包含了说话人、发音内容、信道特征、方言口音等大量信息；此外，这些信息互相组合在一起又表达了情绪变化、语法语义、暗示内涵等更为丰富的信息。在如此众多的信息中，仅有少量的信息与语音识别相关，这些信息被淹没在大量信息中，因此充满了变化性。语音特征抽取即是在原始语音信号中提取出与语音识别最相关的信息，滤除其他无关信息。比较常用的声学特征有三种，即梅尔频率倒谱系数、梅尔标度滤波器组特征和感知线性预测倒谱系数。梅尔频率倒谱系数特征是指根据人耳听觉特性计算梅尔频谱域倒谱系数获得的参数。梅尔标度滤波器组特征与梅尔频率倒谱系数特征不同，它保留了特征维度间的相关性。感知线性预测倒谱系数在提取过程中利用人的听觉机理对人声建模。

2. 语音识别的声学模型

声学模型承载着声学特征与建模单元之间的映射关系。在训练声学模型之前需要选取建模单元，建模单元可以是音素、音节、词语等，其单元粒度依次增加。若采用词语作为建模单元，每个词语的长度不等，导致声学建模缺少灵活性；此外，由于词语的粒度较大，很难充分训练基于词语的模型，因此一般不采用词语作为建模单元。相比之下，词语中包含的音素是确定且有限的，利用大量的训练数据可以充分训练基于音素的模型，因此目前大多数声学模型一般采用音素作为建模单元。语音中存在协同发音的现象，即音素是上下文相关的，故一般采用三音素进行声学建模。由于三音素的数量庞大，若训练数据有限，那么部分音素可能会存在训练不充分的问题，为了解决此问题，既往研究提出采用决策树对三音素进行聚类以减少三音素的数目。

比较经典的声学模型是混合声学模型，大致可以概括为两种：基于高斯混合模型 - 隐马尔科夫模型的模型和基于深度神经网络 - 隐马尔科夫模型的模型。

（1）基于高斯混合模型 - 隐马尔科夫模型的模型

隐马尔科夫模型的参数主要包括状态间的转移概率及每个状态的概率密度函数，也叫出现概率，一般用高斯混合模型表示。如果为每一个音节训练一个隐马尔科夫模型，语音只需要代入每个音节的模型中算一遍，哪个得到的概率最高即判定为相应音节，这也是传统语音识别的方法。

出现概率采用高斯混合模型，具有训练速度快、模型小、易于移植到嵌入式平台等优点，缺点是没有利用帧的上下文信息，缺乏深层非线性特征变化的内容。高斯混合模型代表的是一种概率密度，它的局限在于不能完整模拟出或记住相同音的不同人之间的音色差异变化或发音习惯变化。

就基于高斯混合模型 - 隐马尔科夫模型的声学模型而言，对于小词汇量的自动语音识别任务，通常使用与上下文无关的音素状态作为建模单元；对于中等和大词汇量的自动语音识别任务，则使用与上下文相关的音素状态进行建模。

（2）基于深度神经网络 - 隐马尔科夫模型的模型

基于深度神经网络 - 隐马尔科夫模型的声学模型是指用深度神经网络模型替换上述模型的高斯混合模型，深度神经网络模型可以是深度循环神经网络和深度卷积网络等。该模型的建模单元为聚类后的三音素状态。神经网络用来估计观察特征（语音特征）的观测概率，而隐马尔科夫模型则被用于描述语音信号的动态变化（状态间的转移概率）。

与基于高斯混合模型的声学模型相比，这种基于深度神经网络的声学模型具有两方面的优势：一是深度神经网络能利用语音特征的上下文信息；二是深度神经网络能学习非线性的更高层次特征表达。故此，基于深度神经网络 - 隐马尔科夫模型的声学模型的性能显著超越基于高斯混合模型 - 隐马尔科夫模型的声学模型，已成为目前主流的声学建模技术。

3. 语音识别的语言模型

语言模型是根据语言客观事实而进行的语言抽象数学建模。语言模型亦是一个概率分布模型 P，用于计算任何句子 S 的概率。

例：令句子 S = "今天天气怎么样"，该句子很常见，通过语言模型可计算出其发生的概率 P（今天天气怎么样）=0.80000。

例：令句子 S = "材教智能人工"，该句子是病句，不常见，通过语言模型可计算出其发生的概率 P（材教智能人工）=0.00001。

在语音识别系统中，语言模型所起的作用是在解码过程中从语言层面上限制搜索路径。常用的语言模型有 N 元文法语言模型和循环神经网络语言模型。尽管循环神经网络语言模型的性能优于 N 元文法语言模型，但是其训练比较耗时，且解码时识别速度较慢，因此目前工业界仍然采用基于 N 元文法的语言模型。语言模型的评价指标是语言模型在测试集上的困惑度，该值反映句子不确定性的程度。如果我们对于某件事情知道得越多，那么困惑度越小，因此构建语言模型时，目标就是寻找困惑度较小的模型，使其尽量逼近真实语言的分布。

4. 语音识别的解码搜索

解码搜索的主要任务是在由声学模型、发音词典和语言模型构成的搜索空间中寻找最佳路径。解码时需要用到声学得分和语言得分，声学得分由声学模型计算得到，语言得分由语言模型计算得到。其中，每处理一帧特征都会用到声学得分，但是语言得分只有在解码到词级别才会涉及，一个词一般覆盖多帧语音特征。故此，解码时声学得分和语言得分存在较大的数值差异。为了避免这种差异，解码时将引入一个参数对语言得分进行平滑，从而使两种得分具有相同的尺度。构建解码空间的方法可以概括为两类——静态的解码和动态的解码。静态的解码需要预先将整个静态网络加载到内存中，因此需要占用较大的内存。动态的解码是指在解码过程中动态地构建和销毁解码网络，这种构建搜索空间的方式能减小网络所占的内存，但是基于动态的解码速度比静态慢。通常在实际应用中，需要权衡解码速度和解码空间来选择构建解码空间的方法。解码所用的搜索算法大概分成两类：一类是采用时间同步的方法，如维特比算法等；另一类是时间异步的方法，如 A 星算法等。

5. 基于端到端的语音识别方法

上述混合声学模型存在两点不足：一是神经网络模型的性能受限于高斯混合模型 - 隐马尔科夫模型的精度；二是训练过程过于繁复。为了解决这些不足，研究人员提出了端到端的语音识别方法：一类是基于联结时序分类的端到端声学建模方法；另一类是基于注意力机制的端到端语音识别方法。前者只是实现声学建模的端到端，后者实现了真正意义上的端到端语音识别。这种方法其核心思想是在声学模型训练过程中，引入了一种新的训练准则联结时序分类，这种损失函数的优化目标是输入和输出在句子级别对齐，而不是帧级别对齐，因此不需要高斯混合模型 - 隐马尔科夫模型生成强制对齐信息，而是直接对输入特征序列到输出单元序列的映射关系建模，极大地简化了声学模型训练的过程。但是语言模型还需要单独训练，从而构建解码的搜索空间。循环神经网络具有强大的序列建模能力，所以联结时序分类损失函数一般与长短时记忆模型结合使用，当然也可和卷积神经网络的模型一起训练。混合声学模型的建模单元一般是三音素的状态，而基于联结时序分类的端到端模型的建模单元是音素甚至可以是字。这种建模单元粒度的变化带来的优点包括两方面：一是增加语音数据的冗余度，提高音素的区分度；二是在不影响识别准确率的情况下加快解码速度。有鉴于此，这种方法颇受工业界青睐，如谷歌、微软和百度等都将这种模型应用于其语音识别系统中。

基于注意力机制的端到端语音识别方法实现了真正的端到端。传统的语音识别系统中声学模型和语言模型是独立训练的，但是该方法将声学模型、发音词典和语言模型联合为一个模型进行训练。端到端的模型是基于循环神经网络的编码 - 解码结构。

编码器用于将不定长的输入序列映射成定长的特征序列，注意力机制用于提取编码器的编码特征序列中的有用信息，而解码器则将该定长序列扩展成输出单元序列。尽管这种模型取得了不错的性能，但其性能远不如混合声学模型。

（二）语音合成

语音合成也称文语转换，其主要功能是将任意的输入文本转换成自然流畅的语音输出。语音合成技术在银行、医院的信息播报系统和汽车导航系统、自动应答呼叫中心等都有广泛应用。

语音合成系统可以以任意文本作为输入，并相应地合成语音作为输出。语音合成系统主要可以分为文本分析模块、韵律处理模块和声学处理模块，其中文本分析模块可以视为系统的前端，而韵律处理模块和声学处理模块则视为系统的后端。

文本分析模块是语音合成系统的前端，主要任务是对输入的任意文本进行分析，输出尽可能多的语言学信息（如拼音、节奏等），为后端的语音合成器提供必要的信息。对于简单系统而言，文本分析只提供拼音信息就足够了；而对于高自然度的合成系统，文本分析需要给出更详尽的语言学和语音学信息。因此，文本分析实际上是一个人工智能系统，属于自然语言理解的范畴。

对于汉语语音合成系统，文本分析的处理流程通常包括文本预处理、文本规范化、自动分词、词性标注、多音字消歧、节奏预测等。文本预处理包括删除无效符号、断句等。文本规范化的任务是将文本中的这些特殊字符识别出来，并转化为一种规范化的表达。自动分词是将待合成的整句以词为单位划分为单元序列，以便后续考虑词性标注、韵律边界标注等。词性标注也很重要，因为词性可能影响字或词的发音方式。字音转换的任务是将待合成的文字序列转换为对应的拼音序列，即告诉后端合成器应该读什么音。由于汉语中存在多音字问题，所以字音转换的一个关键问题就是处理多音字的消歧问题。

韵律处理是文本分析模块的目的，节奏、时长的预测都基于文本分析的结果。直观来讲，韵律即是实际语流中的抑扬顿挫和轻重缓急，如重音的位置分布及其等级差异，韵律边界的位置分布及其等级差异，语调的基本骨架及其跟声调、节奏和重音的关系等。韵律表现是一个复杂现象，对韵律的研究涉及语音学、语言学、声学、心理学、物理学等多个领域。但是，作为语音合成系统中承上启下的模块，韵律模块实际上是语音合成系统的核心部分，极大地影响着最终合成语音的自然度。从听者的角度来看，与韵律相关的语音参数包括基频、时长、停顿和能量，韵律模型就是利用文本分析的结果来预测这四个参数。

声学处理模块根据文本分析模块和韵律处理模块提供的信息来生成自然语音波形。语音合成系统的合成阶段可以简单概括为两种方法，一种是基于时域波形的拼接合成方法，声学处理模块根据韵律处理模块提供的基频、时长、能量和节奏等信息并在大规模语料库中挑选最合适的语音单元，然后通过拼接算法生成自然语音波形；另一种是基于语音参数的合成方法，声学处理模块的主要任务是根据韵律和文本信息的指导来得到语音参数，然后通过语音参数合成器来生成自然语音波形。

1. 基于拼接的语音合成方法

基于拼接的语音合成方法的基本原理是根据文本分析的结果，从预先录制并标注好的语音库中挑选合适的基元进行适度调整，最终拼接得到合成语音波形。基元是指用于语音拼接时的基本单元，可以是音节或者音素等。受限于计算机存储能力与计算能力，早期的拼接合成方法的基元库都很小，同时为了提高存储效率，往往需要将基元参数化表示；此外，拼接算法本身性能的限制，常导致合成语音不连续、自然度很低。

随着计算机运算和存储能力的提升，实现基于大语料库的基元拼接合成系统成为可能。在这种方法中，基元库由以前的几 MB 扩大到几百 MB 甚至是几 GB。由于大语料库具有较高的上下文覆盖率，使挑选出来的基元几乎不需要做任何调整就可用于拼接合成。因此，相比传统的参数合成方法，拼接合成方法合成语音在音质和自然度上都有了极大的提高，而基于大语料库的单元拼接系统也得到了十分广泛的应用。

但值得注意的是，拼接合成方法依旧存在着一些不足：稳定性仍然不够，拼接点不连续的情况还是可能发生；难以改变发音特征，只能合成该建库说话人的语音。

2. 基于参数的语音合成方法

基于隐马尔科夫模型的语音合成方法主要分为训练阶段和合成阶段两个阶段。

在隐马尔科夫模型训练前，首先要对一些建模参数进行配置，包括建模单元的尺度、模型拓扑结构、状态数目等，还需要进行数据准备。一般而言，训练数据包括语音数据和标注数据两部分，标注数据主要包括音段切分和韵律标注（现在采用的都是人工标注）。

除了定义一些隐马尔科夫模型参数以及准备训练数据，模型训练前还有一个重要的工作就是对上下文属性集和用于决策树聚类的问题集进行设计，即根据先验知识选择一些对语音参数有一定影响的上下文属性并设计相应的问题集，如前后调、前后声韵母等。需要注意的是，这部分工作是与语种相关的。除此之外，整个基于隐马尔科夫的建模训练和合成流程基本上与语言种类无关。

随着深度学习的研究进展，深度神经网络也被引入统计参数语音合成中，以代替基于隐马尔科夫参数合成系统中的隐马尔科夫模型，可直接通过一个深层神经网络来预测声学参数，克服了隐马尔科夫模型训练中决策树聚类环节中模型精度降低的缺陷，进一步增强了合成语音的质量。由于基于深度神经网络的语音合成方法体现了比较高的性能，目前已成为参数语音合成的主要方法。

3. 基于端到端的语音合成方法

基于 Tacotron 的端到端语音合成方法的模型可以从字符或者音素直接合成语音。该框架主要是基于带有注意力机制的编码 - 解码模型。其中，编码器是一个以字符或者音素为输入的神经网络模型；而解码器则是一个带有注意力机制的循环神经网络，会输出对应文本序列或者音素序列的频谱图，进而生成语音。这种端到端语音合成方法合成语音的自然度和表现力已经能够媲美人类说话的水平，并且不需要多阶段建模的过程，已经成为当下热点和未来发展趋势。

二、语音的增强与转换

（一）语音增强

语音增强一个最为重要的目标是实现释放双手的语音交互，通过语音增强有效抑制各种干扰信号、增强目标语音信号，使人机之间更自然地进行交互。语音增强一方面可以提高语音质量，另一方面有助于提高语音识别的准确性和抗干扰性。通过语音增强处理模块抑制各种干扰，使待识别的语音更干净，尤其在面向智能家居和智能车载等应用场景中，语音增强模块扮演着重要角色。此外，语音增强在语音通信和语音修复中也有广泛应用。真实环境中包含着背景噪声、人声、混响、回声等多种干扰源，上述干扰源同时存在时，这一问题将更具挑战性。语音增强是指当语音信号被各种各样的干扰源淹没后，从混叠信号中提取出有用的语音信号，抑制、降低各种干扰的技术，主要包括回声消除、混响抑制、语音降噪等关键技术。

1. 回声消除

回声干扰是指远端扬声器播放的声音经过空气或其他介质传播到近端的麦克风形成的干扰。回声消除最早应用于语音通信中，终端接收的语音信号通过扬声器播放后，声音传输到麦克风形成回声干扰。回声消除需要解决两个关键问题：①远端信号和近端信号的同步问题；②双讲模式下消除回波信号干扰的有效方法。回声消除在远场语音识别系统中是非常重要的模块，最典型的应用是在智能终端播放音乐时，通过扬声器播放的音乐会回传给麦克风，此时就需要有效的回声消除算法来抑制回声干扰，这在智能音箱、智能耳机中都是需要重点考虑的问题。需要说明的是，回声消除算法虽然提供了扬声器信号作为参考源，但是由于扬声器放音时的非线性失真，声音在传输过程中的衰减、噪声干扰和回声干扰的同时存在，使回声消除问题仍具有一定的挑战。

2. 混响抑制

混响干扰是指声音在房间传输过程中，会经过墙壁或其他障碍物的反射后通过不同路径到达麦克风形成的干扰源。房间大小、声源和麦克风的位置、室内障碍物、混响时间等因素均会影响混响语音的生成。可以通过 T60 描述混响时间，即声源停止发声后，声压级减少 60 分贝所需要的时间即为混响时间。混响时间过短，则声音发干，枯燥无味，不亲切自然；混响时间过长，声音含混不清；混响时间合适时，声音圆润动听。大多数房间的混响时间在 200 ~ 1000ms。

3. 语音降噪

噪声抑制可以分为基于单通道的语音降噪和基于多通道的语音降噪，前者通过单个麦克风去除各种噪声的干扰，后者通过麦克风阵列算法增强目标方向的声音。

多通道语音降噪的目的是融合多个通道的信息，抑制非目标方向的干扰源，增强目标方向的声音。需要解决的核心问题是估计空间滤波器，它的输入是麦克风阵列采集的多通道语音信号，输出是处理后的单路语音信号。由于声强与声音传播距离的平方成反比，因此很难基于单个麦克风实现远场语音交互，基于麦克风阵列的多通道语音降噪在远场语音交互中至关重要。多通道语音降噪算法通常受限于麦克风阵列的结构，比较典型的阵列结构包括线阵和环阵。麦克风阵列的选型与具体的应用场景相关，对于智能车载系统，更多的是采用线阵；对于智能音箱系统，更多的是采用环阵。随着麦克风个数的增多，噪声抑制能力会更强，但算法复杂度和硬件功耗也会相应增加，因此，基于双麦的阵列结构也得到了广泛应用。

基于单通道的语音降噪具有更为广泛的应用，在智能家居、智能客服智能终端中均是非常重要的模块。单通道语音降噪主要包括三类主流方法，即基于信号处理技术的语音降噪方法、基于矩阵分解的语音降噪方法和基于数据驱动的语音降噪方法。典型的基于信号处理的语音降噪方法在处理平稳噪声时有不错的性能，但是在面对非平稳噪声和突变噪声时性能会明显下降；基于矩阵分解的语音降噪方法计算复杂度相对较高；传统的基于数据驱动的语音降噪方法当训练集和测试集不匹配时性能会明显下降。随着深度学习技术的快速发展，基于深度学习的语音降噪方法得到了越来越广泛的应用，深层结构模型具有更强的泛化能力，在处理非平稳噪声时具有更为明显的优势，这类方法更容易与语音识别的声学模型对接，提高语音识别的鲁棒性。

（二）语音转换

语音信号包含很多信息，除了语义信息外，还有说话人的个性信息、说话场景信息等。语音中的说话人个性信息在现代信息领域中的作用非常重要。语音转换是通过语音处理手段改变语音中的说话人个性信息，使改变后的语音听起来像是由另外一个说话人发出的。语音转换是语音信号处理领域的一个新兴分支，研究语音转换可以进一步加强对语音参数的理解、探索人类的发音机理、掌握语音信号的个性特征参数由哪些因素决定；还可以推动语音信号的其他领域发展，如语音识别、语音合成、说话人识别等，具有非常广泛的应用前景。

语音转换首先提取说话人身份相关的声学特征参数，然后用改变后的声学特征参数合成接近目标说话人的语音。例如，可以利用语音转换技术将我们的声音变换成别人的声音。实现一个完整的语音转换系统一般包括离线训练和在线转换两个阶段，在训练阶段，首先提取源说话人和目标说话人的个性特征参数，然后根据某种匹配规则建立源说话人和目标说话人之间的匹配函数；在转换阶段，利用训练阶段获得的匹配函数对源说话人的个性特征参数进行转换，最后利用转换后的特征参数合成接近目标说话人的语音。

1. 码本映射法

码本映射方法是最早应用于语音转换的方法。这是一种比较有效的频谱转换算法，一直到现在仍有很多研究人员使用这种转换算法。在这种方法中，源码本和目标码本的单元一一对应，通过从原始语音片段中抽取关键的语音帧作为码本，建立起源说话人和目标说话人参数空间的关系。码本映射方法的优点在于，由于码本从原始语音片段中抽取，生成语音的单帧语音保真度较高。但这种码本映射建立的转换函数是不连续的，容易导致语音内部频谱不连续，研究人员针对这个问题相继提出了模糊矢量量化技术及分段矢量量化技术等解决方案。

2. 高斯混合模型法

针对码本映射方法带来的离散性问题，在说话人识别领域中常用高斯混合模型来表征声学特征空间。这种方法使用最小均方误差准则来确定转换函数，通过统计参数模型建立源说话人和目标说话人的映射关系，将源说话人的声音映射成目标说话人的声音。与码本映射方法相比，高斯混合模型有软聚类、增量学习和连续概率转换的特点。在高斯混合模型算法中，源声学特征和目标声学特征被看作联合高斯分布的观点被引入，通过使用概率论的条件期望思想获得转换函数，转换函数的参数皆可由联合高斯混合模型的参数估计算法得到，此时高斯混合模型映射方法成为频谱转换研究的主流映射算法。高斯混合模型转换方法的缺点是会给转换特征带来过平滑的问题，导致转换语音的音质下降。

3. 深度神经网络法

近年来，深度学习方法在智能语音领域得到了广泛应用，一些学者开始尝试通过深层神经网络模型解决语音转换问题；通过深层神经网络模型的非线性建模能力建立源说话人和目标说话人之间的映射关系，实现说话人个性信息的转换，解决高斯混合模型方法中的过平滑问题。比较典型的深层神经网络结构包括受限玻尔兹曼机 - 深层置信神经网络、长短时记忆递归神经网络、深层卷积神经网络等。由于深层神经网络具有较强的处理高维数据的能力，因此通常直接使用原始高维的谱包络特征训练模型，以提高转换语音的话音质量。与此同时，基于深度学习的自适应方法也被广泛应用于说话人转换，其利用少量新的发音人数据对已有语音合成模型进行快速自适应，通过迭代优化生成目标发音人的声音。

因此，我们可以利用这种技术合成自己的声音。此外，我们还可以通过语音转换技术去除说话人的个性信息，将说话人的语音变成机器声或沙哑声，保护说话人的隐私。

第四节　情感语音与人脸识别技术

一、情感语音

语音作为人们交流的主要方式，不仅包含语义信息，还携带着丰富的情感信息。语音信号是语言的声音表现形式，情感是说话人所处环境和心理状态的反映。语音在传递过程中，由于说话人情感的介入而更加丰富，同样一句话，如果说话人的情感和语气不同，听者的感知也有可能不同。人工智能如果在人机交互中缺少情感因素会显得"冷冰冰"，不能识别出情感并且不能对相应的情感做出反应，无法形成真正的人工智能。因此，分析和处理语音信号中的情感信息，判断说话人的喜怒哀乐具有重要意义。

（一）情感描述

研究语音信号的情感，首先要根据某些特性标准对情感做一个有效合理的分类，然后在不同类别的基础上研究特征参数的特性。目前，主要从离散情感和维度情感两个方面来描述情感状态。离散情感模型将情感描述为离散的、形容词标签的形式，如高兴、愤怒等。一般认为，那些能够跨越不同人类文化甚至能够为人类和具有社会性的哺乳动物所共有的情感类别为基本情感。

相对于离散情感模型，维度情感模型将情感状态描述为多维情感空间中的连续数值，也称作连续情感描述。这里的情感空间实际上是一个笛卡儿空间，空间的每一维对应着情感的一个心理学属性（如表示情感激烈程度的激活度属性、表明情感正负面程度的愉悦度属性）。情感点同原点的距离体现了情感强度，相似的情感相互靠近；相反的情感则在二维空间中相距180°。当在这个二维空间中加入强度作为第三个维度后，可以得到一个三维的情感空间模型。以强度、相似性和两极性划分情绪，模型上方的圆形结构划分为八种基本情绪：狂喜、警惕、悲痛、惊奇、狂怒、恐惧、接受和憎恨，越邻近的情绪性质上越相似；距离越远，差异越大，互为对顶角的两个扇形中的情绪相互对立。

（二）情感语音的声学特征

情感语音中可以提取多种声学特征，用以反映说话人的情感行为的特点。情感特征的优劣对情感处理效果的好坏有重要影响。语音声学情感特征主要分为三类：韵律特征、音质特征以及频谱特征。

韵律特征具有较强的情感辨别能力，已经得到研究者的广泛认同，如语速、能量和基频等。在激动状态时，语速比平常状态要快。喜、怒、惊等情感的能量较大，而悲伤等情感的能量较低，而且这些能量差异越大，体现出的情感变化也越大。欢快、愤怒和惊奇语音信号的平均基频比较大，而悲伤的平均基频则较小。

语音中所表达的情感状态被认为与音质有很大的相关性，音质特征主要有呼吸声、明亮度特征和共振峰等。欢快、愤怒、惊奇和平静状态相比，振幅将变大；相反地，悲伤和平静相比，振幅将减小。

频谱特征主要包括线性谱特征（如线性预测系数）和倒谱特征（如梅尔频率倒谱系数）。

（三）语音情感识别

语音情感识别是让计算机能够通过语音信号识别说话者的情感状态，是情感计算的重要组成部分，是情感语音处理的主要内容之一。情感计算的目的是通过赋予计算机识别、理解、表达和适应人的情感的能力来建立和谐的人机环境，并使计算机具有更高的、全面的智能。情感语音利用语音信息进行情感计算。

一般来说，语音情感识别系统主要由三部分组成：语音信号采集、语音情感特征提取和语音情感识别。语音信号采集模块通过语音传感器（如麦克风等语音录制设备）获得语音信号，并传递到语音情感特征提取模块；语音情感特征提取模块对语音信号中情感关联紧密的声学参数进行提取，最后送入情感识别模块完成情感判断。需要指出的是，语音情感识别离不开情感的描述和语音情感库的建立。

语音情感识别本质上是一个典型的模式分类问题，因此模式识别领域中的诸多算法都可用于语音情感识别研究，如隐马尔科夫模型、高斯混合模型、支持向量机模型。其中，支持向量机具有良好的非线性建模能力和对小数据处理的鲁棒性，在语音情感识别中应用最为广泛。近年来，由于深度学习的迅猛发展，语音情感识别也获益良多。许多研究将不同的网络结构应用于语音情感识别，大致分为两类。一类研究者利用深度学习网络提取有效的情感特征，再送入分类器中进行识别，如利用自编码器、降噪自编码；也有研究者利用迁移学习的方法，获得良好效果。另一类研究者将传统的分类器替换为深度神经网络进行识别，如深度卷积神经网络和长短时记忆模型。研究者将语音转化为语谱图送入卷积神经网络中，采用类似图像识别的处理方式，为研究提供了一个新的思路。而长短时记忆模型能刻画长时动态特性，更好地描述情感的演变状态，因此能取得较好的效果。当然，有研究者将情感特征提取和情感识别两部分都替换成了神经网络，提出了端到端的语音情感识别方法，为研究指出了一个新的方向。语音情感识别采用何种建模算法一直是研究者非常关注的问题，但是在不同的情感数据库上、不同的测试环境中，不同的识别算法各有优劣，对此不能一概而论。

二、人脸识别技术

在各种人脸识别方法中，一些最常用且最有效的方法是基于表观的方法。主成分分析和线性判别分析（LDA）是这种方法的两个例子，它们的工作原理是降维和特征提取。有两种最先进的人脸识别方法，它们分别建立在本征脸和费歇尔脸基础上，而且已经证明这两种方法非常成功。在主成分分析中，输出空间里的相邻的目标类通常在输入空间里加权，这样可以减少潜在的错误分类。主成分分析或者用于从原始人脸图像提取特征，或者用于从本征脸提取可判别的本征特征。由以主成分分析为基础开展的后续研究所产生的全部文献可知，这项技术对图像条件非常敏感，例如背景噪声、图像偏移、物体遮挡、图像的尺度变化和光照变化等。因此，尽管主成分分析方法已是最常用的人脸识别技术，但是在方法改进上仍吸引了大量研究者的关注。

研究者们利用不同实现方法的优势，提出了多种主成分分析与特征表示相结合的新方法。线性判别分析、核主成分分析和使用核方法的广义判别分析，这些都是为特定的应用提出的新方法。常用方法之一是使用费歇尔图像，这是一种用于人脸图像识别的主成分分析与线性判别分析相结合的方法。这种方法可以获得子空间投影矩阵。本征图像法试图最大化图像空间中的训练图像的散度矩阵，而费歇尔图像法在试图最大化类间散度矩阵的同时，最小化类内散度矩阵。在费歇尔图像法中，类别相同的人脸图像会映射得更近，而类别不同的人脸图像最终会进一步分离。而且，费歇尔图像法有一些其他的优势。这种方法对噪声和遮挡更为鲁棒，而且抗光照、尺度和方向的变化，同时对不同的面部表情、面部毛发、眼镜和化妆不敏感。另外，费歇尔图像法可以有效处理高分辨率或低分辨率的图像，而且能够以较小的计算代价提供更快的识别速度。它的实现过程总结如下：

首先必须使用一组包括每名受试者多幅人脸图像的图像向量的训练集初始化系统，即：

$$\text{训练集} = \{\underbrace{\Gamma_1\Gamma_2\Gamma_3\Gamma_4\Gamma_5}_{X_1}\underbrace{\Gamma_6\Gamma_7\Gamma_8\Gamma_9\Gamma_{10}}_{X_2}\underbrace{\Gamma_{16}\Gamma_{17}}_{X_4}\underbrace{\cdots\Gamma_N}_{X_c}\} \tag{5-1}$$

式中，Γ_i 为人脸图像向量；N 为图像的总数，并且每一幅图像都属于 C 个类 $\{X, X_2, \cdots, X_C\}$ 之一，其中的 C 是数据库中的受试者的数量。

依次增加每一列，重构原始人脸图像，可以获得人脸图像向量 Γ。因此，由（$N_x \times N_y$）个像素表示的人脸图像，可以重构一个大小为（$P \times 1$）的图像向量 Γ，其中 P 等于 $N_x \times N_y$。

由下列等式可以定义类间散度矩阵 S_B 和类内散度矩阵 S_W 为：

$$S_B = \sum_{i=1}^{c}|X_i|(\Psi_i - \Psi)(\Psi_i - \Psi)^T \tag{5-2}$$

式中，$\Psi = \dfrac{1}{N}\sum_{i=1}^{N}\Gamma_i$ 是数据库中全部训练图像向量在每一个像素点上的算术平均值，Ψ 的大小是（$P \times 1$）；$\Psi_i = \dfrac{1}{|X_i|}\sum_{\Gamma_i \in X_i}^{N}\Gamma_i$ 是类置在每一个像素点上的均值图像，$|X_i|$ 是类 X_i 中样本的数量，Ψ_i 的大小是（$P \times 1$）。为了计算每一个人脸类的内部变化，必须求出该类的人脸图像的均值图像。S_i 是类 i 的散度，定义如下：

$$S_i = \sum_{\Gamma_i \in X_i}(\Gamma_i - \Psi_i)(\Gamma_i - \Psi_i)^T \tag{5-3}$$

类间散度矩阵 S_B 和类内散度矩阵 S_W 的大小都是（$P \times P$）。类间散度矩阵 S_B 表示每个类均值围绕总体均值向量的分散程度。类内散度矩阵 S_W 表示不同个体的图像向量围绕各自的类均值的平均分散程度。

定义了类间散度矩阵 S_B 和类内散度矩阵 S_W 之后，可以定义训练集的总体散度矩阵 S_T，即：

$$S_T = \sum_{i=1}^{N}(\Gamma_i - \Psi_i)(\Gamma_i - \Psi_i)^T \tag{5-4}$$

使用费歇尔线性判别的目的，是对人脸图像向量进行分类。最大化投影数据的类间散度矩阵与类内散度矩阵的比值，是实现这个目的的一种常用方法。因此，最大化类间散度矩阵和最小化类内散度矩阵的最优投影矩阵 W，可由下式求得，即：

$$W = \max(J(T)) \tag{5-5}$$

其中，$J(T)$ 是判别力，可由下式求得，即：

$$J_T = \left| \frac{T^T \cdot S_B \cdot T}{T^T \cdot S_W \cdot T} \right| \tag{5-6}$$

在上面的等式中，S_B 和 S_W 分别是类间散度矩阵和类内散度矩阵。因此，最优投影矩阵 W 可以重新写为：

$$W = \max(J(T)) = \max \left\| \frac{T^\top \cdot S_B \cdot T}{T^T \cdot S_W \cdot T} \right\|_{T=W} \tag{5-7}$$

并且，上式可以通过求解式表示的广义本征值问题而得到，即：

$$S_B W = S_W W \lambda_W \tag{5-8}$$

其中，λ 是相应的本征向量的本征值。

由广义本征值方程可知，只有 $C-1$ 个非零本征值，并且只有产生这些非零本征值的本征向量可以用于构造 W 矩阵。一旦构造出 W 矩阵，其就可以用作投影矩阵。通过最优投影矩阵 W 与图像向量的点积运算，可以把训练图像向量投影到分类空间，即：

$$g(\Phi_i) = W^\top \cdot \Phi_i \tag{5-9}$$

其中，Φ_i 是平均减影图像，可由下式求得，即：

$$\Phi_i = \Gamma_i - \Phi_i \tag{5-10}$$

这个投影矩阵的大小是 $[(C-1) \times 1]$。并且，它的组件可以被视为图像，称为费歇尔图像。

注册人脸图像之后，可以把前 n 个最佳匹配作为识别输出。这个结果可以自己使用，也可以作为排序级融合模块的输入，在多模态系统中做进一步决策。为了达到这个目的，需要执行以下任务：

步骤 1：把测试用人脸图像投影到费歇尔空间，在费歇尔空间中测量未知人脸图像位置与所有已知人脸图像位置之间的距离。用同样的方式，可以把测试图像向量投影到分类空间。

分类空间投影为：

$$g(\Phi_T) = W^\top \cdot \Phi_T \tag{5-11}$$

有一种计算投影之间距离的简单方法，是通过训练与测试分类空间投影之间的欧几里得距离进行计算，即：

$$d_{Ti} = g(\Phi_T) - g(\Phi_i) \tag{5-12}$$

步骤 2：在费歇尔空间中，选择与未知图像距离最近的图像。

步骤 3：在不考虑由步骤 2 已经得到的匹配图像的条件下，重复执行步骤 2，直到全部的已知人脸图像都被选择，并且获得前 n 个最佳匹配图像的时候，算法停止。

必须指出，上述传统的人脸识别算法，最近受到新兴的智能图像处理应用的挑战。在新兴的智能图像处理应用中，基于弹性图匹配、神经网络学习器和支持向量机（SVM）的人脸识别技术，已经被证明是非常有前途的。这些方法不但能够识别常见且最明显的基于人脸生物特征的模式，而且非常适应多种环境变化、数据质量以及应用领域。

在这些方法中，基于神经网络学习器和减少输入数据向量的复杂性方法，得到了很多的关注。这个人脸识别的新方向，可能非常有助于克服生物特征数据的高复杂性和高维性。这类方法的目标是把数据从高维空间转换到低维空间，并且不丢失信息。通常，较低的维度可以最大化数据的方差。当使用训练样本的多个特征时，数据的高维性就会成为生物特征识别系统的典型问题。随着维度数量的增大，识别算法的设计复杂度也显著增长。

聚类方法是常用的降维方法。在聚类中，根据集合中的元素的相似性，使用一些相似性度量，对元素进行分组。聚类通常用于设计一组边界，使得能够更好地理解数据（以结构化数据为基础）。聚类的其他用途包括索引和数据压缩。对于低质量的数据，先在原始空间中创建一个有意义的子空间，然后把这个降维向量空间提供给神经网络或进化方法学习器，就可以获得准确度更高的结果和更好的系统可持续性。

参考文献

[1] 董洁 . 计算机信息安全与人工智能应用研究 [M]. 北京：中国原子能出版传媒有限公司，2022.

[2] 强彦 . 人工智能算法实例集锦 Python 语言 [M]. 西安：西安电子科学技术大学出版社，2022.

[3] 王刚，郭蕴，王晨 . 人工智能技术丛书自然语言处理基础教程 [M]. 北京：机械工业出版社，2022.

[4] 韩力群 . 智能机器人技术丛书机器智能与智能机器人 [M]. 北京：国防工业出版社，2022.

[5] 褚君浩 . 秘境寻优人工智能中的搜索方法 [M]. 上海：上海科学技术文献出版社，2022.

[6] 姚炜，刘培超，陶金 . 人工智能与机械臂 [M]. 苏州：苏州大学出版社，2018.

[7] 蓝敏，殷正坤 . 人工智能背景下图像处理技术的应用研究 [M]. 北京：北京工业大学出版社，2018.

[8] 周才健，王硕苹，周苏 . 人工智能基础与实践 [M]. 北京：中国铁道出版社，2021.

[9] 赵宏 . 人工智能技术丛书深度学习基础教程 [M]. 北京：机械工业出版社，2021.

[10] 江波，袁振国 . 人工智能与智能教育丛书机器学习 [M]. 北京：教育科学出版社，2021.

[11] 王春林 . 人工智能 [M]. 西安：西安电子科学技术大学出版社，2020.

[12] 王静逸 . 分布式人工智能 [M]. 北京：机械工业出版社，2020.

[13] 文常保 . 人工智能概论 [M]. 西安：西安电子科技大学出版社，2020.

[14] 杨杰 . 人工智能基础 [M]. 北京：机械工业出版社，2020.

[15] 施鹤群，陈积芳 . 人工智能简史 [M]. 上海：上海科学技术文献出版社，2020.

[16] 高崇 . 人工智能社会学 [M]. 北京：北京邮电大学出版社，2020.

[17] 张瑛 . 计算机网络技术与应用 [M]. 长春：吉林科学技术出版社，2020.

[18] 马志强 . 计算机网络技术与应用 [M]. 长春：吉林出版集团股份有限公司，2020.

[19] 张燕红 . 计算机控制技术：第 3 版 [M]. 南京：东南大学出版社，2020.

[20] 邵云蛟 . 计算机信息与网络安全技术 [M]. 南京：河海大学出版社，2020.

[21] 韩立杰 . 计算机网络技术理论与实践 [M]. 天津：天津科学技术出版社，2020.

[22] 顾德英，罗云林，马淑华 . 计算机控制技术第 4 版 [M]. 北京：北京邮电大学出版社，2020.

[23] 谷宇 . 人工智能基础 [M]. 北京：机械工业出版社，2022.

[24] 孟宪坤 .AI 风暴人工智能的商业运用 [M]. 北京：中国商业出版社，2022.

[25] 何泽奇，韩芳，曾辉 . 人工智能 [M]. 北京：航空工业出版社，2021.

[26] 甘胜江，王永涛，邸小莲 . 人工智能 [M]. 哈尔滨：哈尔滨工程大学出版社，2021.

[27] 周越 . 人工智能基础与进阶 [M]. 上海：上海交通大学出版社，2020.

[28] 佘玉梅，段鹏 . 人工智能原理及应用 [M]. 上海：上海交通大学出版社，2018.

[29] 顾骏 . 人与机器思想人工智能 [M]. 上海：上海大学出版社，2018.

[30] 潘晓霞 . 虚拟现实与人工智能技术的综合应用 [M]. 北京：中国原子能出版社，2018.